AJUSTANDO O RITMO
O IMPACTO DAS CORRIDAS DE RUA EM NOSSAS VIDAS

Editora Appris Ltda.
1.ª Edição - Copyright© 2025 do autor
Direitos de Edição Reservados à Editora Appris Ltda.

Nenhuma parte desta obra poderá ser utilizada indevidamente, sem estar de acordo com a Lei nº 9.610/98. Se incorreções forem encontradas, serão de exclusiva responsabilidade de seus organizadores. Foi realizado o Depósito Legal na Fundação Biblioteca Nacional, de acordo com as Leis nos 10.994, de 14/12/2004, e 12.192, de 14/01/2010.

Catalogação na Fonte
Elaborado por: Dayanne Leal Souza
Bibliotecária CRB 9/2162

B277a
2025
	Barros Jr., Bartolomeu
	    Ajustando o ritmo: o impacto das corridas de rua em nossas vidas /
	Bartolomeu Barros Jr. – 1. ed. – Curitiba: Appris, 2025.
	    126 p. ; 21 cm.
	
	    Inclui referências.
	    ISBN 978-65-250-7296-8
	
	    1. Corridas de rua. 2. Esporte. 3. Sociedade. I. Barros Jr., Bartolomeu.
	II. Título.
	
	                                              CDD – 613.717

Livro de acordo com a normalização técnica da ABNT

Appris
editorial

Editora e Livraria Appris Ltda.
Av. Manoel Ribas, 2265 – Mercês
Curitiba/PR – CEP: 80810-002
Tel. (41) 3156 - 4731
www.editoraappris.com.br

Printed in Brazil
Impresso no Brasil

Bartolomeu Barros Jr.

AJUSTANDO O RITMO
O IMPACTO DAS CORRIDAS DE RUA EM NOSSAS VIDAS

Curitiba, PR
2025

FICHA TÉCNICA

EDITORIAL Augusto Coelho
Sara C. de Andrade Coelho

COMITÊ EDITORIAL
Ana El Achkar (Universo/RJ)
Andréa Barbosa Gouveia (UFPR)
Antonio Evangelista de Souza Netto (PUC-SP)
Belinda Cunha (UFPB)
Délton Winter de Carvalho (FMP)
Edson da Silva (UFVJM)
Eliete Correia dos Santos (UEPB)
Erineu Foerste (Ufes)
Fabiano Santos (UERJ-IESP)
Francinete Fernandes de Sousa (UEPB)
Francisco Carlos Duarte (PUCPR)
Francisco de Assis (Fiam-Faam-SP-Brasil)
Gláucia Figueiredo (UNIPAMPA/ UDELAR)
Jacques de Lima Ferreira (UNOESC)
Jean Carlos Gonçalves (UFPR)
José Wálter Nunes (UnB)
Junia de Vilhena (PUC-RIO)

Lucas Mesquita (UNILA)
Márcia Gonçalves (Unitau)
Maria Aparecida Barbosa (USP)
Maria Margarida de Andrade (Umack)
Marilda A. Behrens (PUCPR)
Marília Andrade Torales Campos (UFPR)
Marli Caetano
Patrícia L. Torres (PUCPR)
Paula Costa Mosca Macedo (UNIFESP)
Ramon Blanco (UNILA)
Roberta Ecleide Kelly (NEPE)
Roque Ismael da Costa Güllich (UFFS)
Sergio Gomes (UFRJ)
Tiago Gagliano Pinto Alberto (PUCPR)
Toni Reis (UP)
Valdomiro de Oliveira (UFPR)

SUPERVISORA EDITORIAL Renata C. Lopes

PRODUÇÃO EDITORIAL Sabrina Costa

REVISÃO J. Vanderlei

DIAGRAMAÇÃO Ana Beatriz Fonseca

CAPA Daniele Paulino

REVISÃO DE PROVA Bruna Santos

*a força dos fracos
é o seu tempo lento.*

(Milton Santos)

Aos corredores Edson Amaro e Justino Pedro.

APRESENTAÇÃO

Um passo à frente e você não está mais no mesmo lugar.

(Chico Science)[1]

Na letra da música "Um Passeio no Mundo Livre," Chico Science evoca a ideia do direito à cidade, ao apontar os espaços urbanos e o mundo como direitos de existência. Caminhar no diálogo do *manguebeat*[2] com as propostas organizacionais de Josué de Castro[3] pressupõe que, para iniciar transformações, basta um passo, seja ele para frente ou para trás, pois nunca estaremos no ponto de origem.

Essa poderia ser uma referência inspiradora para a leitura deste livro, pois também sugere que tal premissa representa bem o ritmo dos acontecimentos históricos, como bem ilustrado por Heráclito de Éfeso com seu conceito de *panta rei*, que defende o fluxo constante das transformações naturais. A mudança de formas e constituições permeia a natureza, mesmo que alguns elementos geológicos permaneçam fixos. Assim como o rio que flui incessantemente, as águas que nascem e correm por seus afluentes nunca são as mesmas, e quem nelas se banha também

---

[1] "Um Passeio no Mundo Livre," *Da Lama ao Caos*, Sony Music, 1994.

[2] Movimento cultural surgido no início da década de 1990 em Recife, Pernambuco, o manguebeat combina elementos da música regional nordestina, como o maracatu, com influências do rock, hip-hop, funk e música eletrônica. Idealizado por músicos como Chico Science e Fred Zero Quatro, o movimento também incorpora uma crítica social voltada para a valorização das raízes culturais locais e a conscientização sobre questões urbanas e ambientais, simbolizadas pela figura do mangue como um ecossistema vital.

[3] Geógrafo, Médico Nutrólogo, que em romances e análises geopolíticas, repensa a estruturação social à partir do combate a fome, e Recife com seus manguezais é o cenário principal desses diálogos.

não permanece o mesmo após essa experiência, pois, como disse o filósofo, "ninguém se banha no mesmo rio duas vezes."[4]

Seguindo essa reflexão, *AJUSTANDO O RITMO: O Impacto das Corridas de Rua em Nossas Vidas* é uma análise perspicaz e profunda sobre as corridas de rua, um fenômeno que, embora frequentemente visto apenas como atividade física ou esporte, reflete as dinâmicas mais complexas da vida contemporânea. Bartolomeu Barros Jr. convida o leitor a olhar além das aparências, explorando como essa prática simboliza o ritmo acelerado e as demandas de performance e eficiência da sociedade atual.

Com uma abordagem interdisciplinar que une sociologia, filosofia e economia política, Barros Jr. utiliza teorias críticas e exemplos práticos para iluminar os impactos dessa prática no cotidiano e na subjetividade dos corredores. Ele demonstra como o caminhar, enquanto manifestação natural de seres vivos bípedes ou quadrúpedes, caracteriza-se como parte essencial de sua existência. No caso da humanidade, essa característica evolui para a capacidade de dominar e controlar a natureza, explorando seu caminhar com intencionalidade racional. Esse metabolismo com a natureza nos conduziu a diferentes modos de sobrevivência, como o sedentarismo e à organização coletiva — e, assim, à formação de uma vida social mais complexa.

Controlar o ritmo e a velocidade do caminhar também serve a finalidades variadas: aliviar a digestão após uma refeição, refletir sobre ideias (individualmente ou em grupo, como na prática peripatética), caçar, escapar de intempéries ou enfrentar batalhas. Ao longo do tempo, com o advento da modernização, surgiram efeitos colaterais de uma cultura cada vez mais sedentária, refletindo-se em problemas como hipertensão, doenças cardíacas, diabetes, entre outros. Nessa perspectiva, uma movimentação equilibrada,

---

[4] Filósofo pertencente ao que a história da filosofia denomina de período pré-socrático, e que na intencionalidade de constituir os sentidos cosmológicos da existência, entende o movimento como força denominadora comum de todas existências, sendo a mudança a única certeza palpável.

associada a hábitos alimentares saudáveis, torna-se essencial para a longevidade.

Mas como pensar essa longevidade no cotidiano das grandes cidades, marcadas pela produção, consumo, competição e concorrência? Como prolongar a vida em meio às desigualdades e tensões socioeconômicas que o capitalismo impõe? Tais questões influenciam as ações humanas na vida coletiva, e o caminhar — especialmente em sua forma mais intensa, a corrida — também é afetado por essas dinâmicas.

Distante dos ideais olímpicos do Barão de Coubertin, que buscava reviver uma tradição greco-romana centrada nas habilidades físicas — ser o mais alto, o mais forte, o mais rápido e o mais resistente — exigidas em contextos de enfrentamento e competição nos interstícios bélicos, a modernidade impulsionou esses valores para uma nova lógica. Com o avanço das revoluções burguesas e industriais, a velocidade tornou-se um imperativo social, promovendo a produção máxima em menos tempo para ampliar o consumo e a acumulação de riqueza. E o correr? Na modernidade, essa prática assumiu novos significados, tanto como meio de deslocamento essencial para o operário quanto como lazer segregacionista da burguesia.

Isso nos faz refletir que todo agir humano que o capital qualifica e constrói seu estatuto também possui uma determinação de controle sobre um agir "livre". Tomemos como exemplo Usain Bolt, velocista jamaicano, multi-medalhista olímpico e recordista mundial, que em uma entrevista comentou sobre o consumo natural de maconha entre os jovens e adultos da Jamaica. No entanto, ele foi pressionado pelos patrocinadores e pela opinião pública a retratar-se, apresentando um discurso tímido, contrafeito e forçado de oposição ao uso recreativo de drogas naquele país. É nesse contexto que se revela a construção moral e ética da esportivização de alto rendimento, que, por sua vez, gera tanto o uso de esteroides anabólicos quanto de reconstrutores de oxigenação sanguínea para potencializar o desempenho dos atletas. Esse impulso artificial estimula a busca por pódios e associa vitória, treino e conquistas de vida à disciplina e determinação — valores que o capital se apropria para vender tênis, suplementos, roupas e demais produtos, relacionando-os à corrida e ao caminhar como práticas saudáveis na contemporaneidade.

Bartolomeu Barros Jr. nos convida a compreender essas questões e outras que estão por detrás da estética de perfeição corpórea, expondo o contraste entre corpos definidos e torneados, com aparência moldada por uma compreensão de saúde e práticas esportivas restritas aos espaços acessíveis a uma elite. Em contraposição a um público comum que alimenta o desejo de alcançar esse estatuto olímpico, aspirando a se tornar o próximo maratonista... a qualquer custo.

Nesta direção, a popularização das corridas de rua é interpretada aqui como sintoma de uma sociedade marcada pela pressão constante por eficiência e autocontrole, evidenciando as relações de poder e as contradições do nosso tempo. Dirigido a todos os interessados no esporte e na compreensão das pressões de nossa época, o livro examina a corrida como símbolo das exigências neoliberais, destacando a mercantilização do corpo e a busca incessante por superação individual.

Será que os Apinajés, Kariri-Xocó, os Quilombolas, os originários de toda a América, costumam internalizar esse tempo-concorrência, milimetricamente contado nos cronômetros digitais? O que diriam o Grande-Deus[5], Kitembu[6] e Iroko[7] sobre essa marcação temporal que molda nossas ideias e direciona nossos corpos?

---

[5] Nas tradições religiosas de inúmeros povos originários ao invés de uma denominação definitivas, resume-se como Grande-Deus, ou Grande-Pai para a força maior da criação, o que não impede que cada etnia tenha sua denominação específica, porém aqui entendemos como apresentação, deixar aberta a compreensão.

[6] Inuice da tradição do candomblé congo-angola dos povos bantu, primeiros povos diaspóricos de África a chegarem forçosamente no Brasil, força mística conhecida como regente do tempo, o tempo de tudo, que o homem não compreende e não rege.

[7] Orixá da tradição do candomblé Ketu dos povos iorubá, mera similitude com o Inuice Kitembu, também força que rege o tempo, a família, a ancestralidade.

Barros Jr. não nos oferece respostas a essas perguntas, mas nos convida a explorar, juntos, mecanismos e brechas que possam expandir nosso entendimento. Nesse sentido, ele traça um roteiro interessante sobre o flanar, caminhar, correr e, por que não, depois de tantas dúvidas que nos assaltam, voar!

Não é difícil, após buscar respostas e encontrar novas dúvidas, surgir o desejo de desacelerar e retornar ao prazer de caminhar sem pressa, sem distância e sem espaço determinado. O livro nos desloca para outro tempo e espaço, inspirando-nos a nos movimentar pela poesia, pela música, por modos de sensibilidades suscitados por compositores geniais como Cartola: "Deixe-me ir / preciso andar / vou por aí a procurar / sorrir pra não chorar."[8]

Queremos caminhar, caminhar e caminhar, ver o sol nascer, as águas correrem e ouvir os pássaros cantar...

Permanecemos atentos, prontos para ouvir nossos corpos e dialogar com eles. E, se por acaso "alguém perguntar por mim," por favor, "diz que fui por aí."[9]

São Paulo, outubro de 2024

Lucas Scaravelli da Silva

Professor Mestre em Educação Física (UnB), Doutorando em Antropologia Social (USP), com experiência em Educação Antirracista de Jovens e Adultos, um fanático pela movimentação do corpo e o desafio do tempo, esse tempo que se torna deus, mas que nos torna deus com a sensação de dominar o tempo.

---

[8] Canção chamada "Preciso me encontrar" de 1976, composição de Cartola afamada, que clama de um eu poética que seu corpo clama por novas experiências.

[9] Canção de Zé Ketti, afamada, chamada "Diz que fui por aí" de 1967, que fala sobre a liberdade de andar, encontrar os amigos e tocar violão.

SUMÁRIO

INTRODUÇÃO..17

1.
NA LARGADA: SEGURAR O RITMO?........................21

2.
O PERCURSO: DA NATUREZA AO SOCIAL.................35
2.1 Da Natureza ao Capital: o problema das Necessidades Humanas..........53

3.
O MUNDO SOBRE O QUAL SE CORRE.....................57

4.
O SER CORREDOR..73

5.
AS DORES DO PERCURSO......................................89
5.1 Entre o sofrimento voluntário e a servidão voluntária............94
5.2 No meio da corrida tinha um muro................................101

6.
O PONTO DE CHEGADA..113

REFERÊNCIAS...123

INTRODUÇÃO

Nas últimas décadas, a corrida de rua no Brasil, muitas vezes vista apenas como uma "atividade física", passou a se configurar como um fenômeno sociocultural abrangente, que atravessa gerações, assume vários formatos e domina as populares redes sociais. Nesses espaços digitais, postagens celebrando tempos pessoais, medalhas e relatos de experiências pós-corrida proliferam, refletindo um crescente entusiasmo coletivo pelo esporte. Trata-se de uma prática corporal vivenciada de múltiplas formas, variando na distância percorrida, no terreno, nos estilos de treinamento e nos tipos de competições. Nossa hipótese é que o interesse crescente pelas corridas de rua reflete dinâmicas sociais e culturais complexas de nosso tempo, e não um fenômeno isolado, restrito às demandas de saúde ou lazer dissociadas da realidade. Surge, então, a questão: como essa prática se tornou tão central na vida contemporânea?

A popularidade da corrida pode ser interpretada como uma resposta às crises modernas – uma busca por soluções para o sedentarismo, uma válvula de escape das pressões cotidianas ou um meio de reconexão em uma sociedade fragmentada. Para muitos, correr é uma forma de reafirmação pessoal e um caminho para melhorar a saúde, um espaço onde disciplina e autocuidado florescem. Para outros, é uma maneira de enfrentar o vazio existencial, um esforço em um corpo que não mais leva uma mensagem de vitória a Atenas. Como diz Jean Baudrillard (1986, p. 21), "eles também sonham em transmitir uma mensagem vitoriosa, mas são numerosos demais e a mensagem deles já não tem qualquer sentido". Nesse contexto, a corrida parece simbolizar o desejo de transcendência pessoal, ainda que imerso nas contradições de nossa era.

O objetivo deste livro é entender a corrida de rua, assim como outras práticas sociais, como imersa nas contradições do capitalismo – o modo como nos reproduzimos socialmente. Partimos do pressuposto de que a subjetividade humana, isto é, a forma como as pessoas percebem e se relacionam consigo mesmas e com o mundo ao redor, é fortemente influenciada pelas relações sociais deste modo de produção. No capitalismo, existe uma constante tensão entre a produção social, que é coletiva, e a apropriação privada, que é individual, resultando em uma subjetividade moldada por essas contradições econômicas e sociais. Assim, a corrida pode ser vista não apenas como um ato relacionado à saúde ou lazer, mas também como uma manifestação dessas tensões.

Nesse sentido, a corrida de rua revela como as novas reestruturações do mundo do trabalho, a mercantilização e a lógica do consumo no estágio atual do capitalismo formam um complexo de determinações que moldam a subjetividade. Essa prática, que outrora poderia ser considerada simples, é transformada em um produto de mercado e em uma ferramenta para internalizar valores capitalistas na vida cotidiana.

Apesar de parecer uma atividade natural, o ato de correr é capturado pelas lógicas de consumo que incentivam a aquisição de tecnologias de rastreamento, acessórios especiais, metodologias de treinamento, suplementos alimentares e até mesmo viagens turísticas. Isso transforma essa atividade básica humana em um nicho de mercado altamente comercializado. Além disso, o suporte de conhecimento profissional também tem um custo considerável, dado que as metas e objetivos estabelecidos muitas vezes exigem orientação especializada. Esse fenômeno não apenas altera a forma como as pessoas se envolvem com a corrida, mas também como elas a percebem e a integram em suas vidas.

Embora a corrida de rua tenha sido mercantilizada, seu potencial como prática terapêutica e social permanece contraditoriamente presente. Muitos encontram na corrida uma poderosa ferramenta para enfrentar a ansiedade, a depressão e outros desafios de saúde física e mental da contemporaneidade, muitas vezes reduzindo ou eliminando a necessidade de medicação. Correr oferece um alívio tangível e uma forma de meditação em movimento, proporcionando um espaço para o cuidado pessoal no ritmo que respeita as necessidades individuais. No entanto, essa prática também pode, paradoxalmente, refletir uma crítica à ideia de autocuidado como responsabilidade individual, desconsiderando fatores sociais, econômicos e estruturais que afetam a saúde e o lazer. Nesse sentido, o potencial dessa prática corporal deve ser reconhecido no contexto de lutas políticas maiores, que buscam a ampliação do tempo livre para a classe trabalhadora e a valorização da saúde pública como direitos universais.

Diante desse cenário, a corrida se revela como uma prática corporal carregada de significados e potenciais em disputa. Ela reflete as contradições de nossa era: ao mesmo tempo que é um sintoma das pressões da sociedade moderna, serve também como um antídoto momentâneo para seus efeitos mais corrosivos. Como tal, a corrida é um campo fértil para discussões sobre bem-estar, consumo, individualidade e coletividade. Este livro busca explorar essas camadas, convidando os leitores a refletirem sobre o papel da corrida na sociedade contemporânea e como ela pode servir não apenas como uma forma de exercício físico, mas também como uma lente para compreender e talvez remodelar nossa relação com as expectativas sociais em um mundo que centraliza o excesso de positividade em uma era de superinformação e ultradesempenho.

Assim, convidamos cada leitor a refletir sobre sua própria jornada com a corrida e, de maneira mais ampla, sobre como escolhemos viver e interagir em um mundo permeado por contradições.

1.

NA LARGADA: SEGURAR O RITMO?

Antes de uma prova de corrida de rua, o corredor se encontra em um momento de tensão e antecipação, onde o tempo parece desacelerar. O coração bate com força, e cada pulsação ecoa na caixa torácica, sincronizando-se com a adrenalina que começa a inundar o corpo. O ar ao redor, mais denso e carregado de expectativa, é respirado profundamente, como se o corpo estivesse tentando capturar cada molécula de oxigênio antes do esforço que está por vir. Um frio na barriga surge, um misto de excitação e leve apreensão. À medida que a largada se aproxima, esse nervosismo se intensifica; o coração bate ainda mais rápido, não apenas pela iminência do esforço, mas também pela antecipação. Há uma eletricidade palpável no ar enquanto o corredor se posiciona entre os outros, todos compartilhando aquele momento de tensão silenciosa. O som dos passos e das respirações ao redor se mistura ao zumbido de conversas e à música ambiente, criando uma cacofonia que só aumenta a excitação.

No meio dessa agitação, o corredor sente o corpo se preparar: músculos tensos, prontos para a explosão inicial; respiração controlada, ainda calma, mas já sincronizada com o ritmo mental que ele pretende manter. Há uma sensação de clareza mental, onde todos os pensamentos se organizam em torno de um único objetivo: correr. Ao mesmo tempo, a mente pode se encher de dúvidas e perguntas: Será que treinei o suficiente? Como estará meu desempenho hoje?

Junto com essas incertezas, surge uma profunda sensação de propósito e motivação. Ele se lembra dos meses de treino, das madrugadas frias, dos "longões" solitários aos domingos, das dores superadas, das festas que não participou com os amigos. Tudo o que foi feito o trouxe até ali, e agora é o momento de colocar tudo em prática. Mesmo entre estranhos, há um sentimento compartilhado, um reconhecimento mútuo do que está por vir.

Quando a contagem regressiva começa, o tempo parece voltar a acelerar, e os segundos finais são preenchidos por um silêncio tenso, interrompido apenas pelo som acelerado do próprio coração. Quando o sinal de largada finalmente soa — seja um tiro, uma buzina ou um grito — o corpo parece reagir antes da mente. As pernas se movem quase automaticamente, e de repente, tudo se alinha: o ritmo da respiração, o impacto dos pés contra o chão, o fluxo contínuo de energia. O mundo ao redor parece desaparecer por um instante; é como se houvesse apenas o corredor e a pista à frente. O medo se dissipa, e o foco se estreita, concentrando-se exclusivamente no movimento, no ritmo e no caminho à frente. É como entrar em um portal para um universo complexo, onde tempo e espaço se apresentam sob uma dinâmica paradoxal e cheia de nexos a serem desvendados em uma corporalidade que se permite necessidades de sacrifício, dor, prazer, fetiche, desafios e tantas outras demandas orgânicas e artificiais.

Com um olhar mais atento, o corredor percebe que está em uma baia, ou melhor, um "curral". A palavra, carregada de significado, começa a ressoar de maneira diferente em sua mente, contrastando com o turbilhão de sensações e expectativas que o cercam naquele momento. O que realmente o trouxe até aqui? Nesse instante, ele se dá conta de que o termo "curral" não é apenas um detalhe organizacional, mas algo que merece uma reflexão mais profunda.

Ao se ver em um espaço delimitado, cercado por fitas ou grades, o corredor não pode deixar de questionar o simbolismo por trás desse termo. O "curral", que serve para agrupar pessoas de acordo com seu ritmo ou tempo previsto, parece funcionar como uma ferramenta para otimizar a largada, evitando o caos ou "caixotes" nos primeiros metros. No entanto, ao olhar para os outros corredores ao seu redor, cada um com suas próprias histórias, treinos e motivações, ele se sente desconfortável com a ideia de ser reduzido a um número ou a uma faixa de tempo.

A palavra "curral" remete a um espaço onde animais são confinados, uma imagem que, aplicada a seres humanos, carrega uma carga desumanizante. Nesse momento de introspecção, o corredor percebe que essa organização, tão impessoal, entra em choque com o espírito do esporte que ele tanto valoriza: a superação pessoal, a busca pela saúde e bem-estar e, acima de tudo, o respeito à individualidade. A experiência de correr, que deveria ser marcada pela liberdade e expressão do próprio potencial, agora é temperada por uma reflexão crítica sobre como os participantes são tratados.

O corredor começa a questionar: será que, ao ser agrupado dessa forma, ele está sendo visto como uma pessoa, com suas particularidades, ou apenas como mais um elemento a ser gerido? O uso do termo "curral" revela uma visão utilitária e mecanicista das pessoas, algo que permeia a lógica de grandes eventos esportivos e, mais amplamente, a própria sociedade capitalista. Nessa visão, indivíduos são frequentemente reduzidos a categorias, números ou funções dentro de um sistema que busca eficiência acima de tudo.

Ao pensar nisso, o corredor sente a necessidade de reavaliar o que está fazendo ali. A corrida, para ele, sempre foi mais do que apenas completar um percurso. É uma forma de se conectar consigo mesmo, de desafiar seus limites, de encontrar significado em cada passo. Mas agora, de frente para essa realidade, ele se pergunta: o que realmente o trouxe até aqui? Será que ele está correndo por si mesmo, ou foi levado a esse ponto por uma estrutura que, em última análise, trata todos de maneira impessoal?

É parte do que faremos neste livro: compreender como as relações pessoais e sociais se constituem e como esse mundo sobre o qual corremos se configura. Em um mundo que valoriza altamente a eficiência e o desempenho, muitos recorrem a livros de autoajuda em busca de orientação. Com títulos como "Seja incrível", "Conquiste o sucesso" e "Transforme desafios em ouro", essas obras prometem fórmulas mágicas para o sucesso pessoal e profissional. O leitor provavelmente já se deparou com chavões motivacionais, como "Trabalhe enquanto eles dormem". Contudo, é importante questionar se essa incessante busca por performance e autoaperfeiçoamento realmente nos traz realização ou se apenas nos pressiona a alcançar uma versão idealizada de nós mesmos, sob as exigências subjetivas de uma certa "ontologia empresarial".

A vida moderna frequentemente se assemelha a uma série de projetos e metas, com cada escolha meticulosamente avaliada em termos de retorno sobre o investimento. Ao transformar cada momento de lazer em uma oportunidade potencialmente desperdiçada, corremos o risco de perder de vista o que é verdadeiramente importante para nós.

O crescimento do mercado *fitness* e as corridas de rua exemplificam essa transformação. Milhares de corredores amadores, equipados com a mais recente tecnologia, alinham-se na largada, buscando não apenas saúde, mas também a demonstração pública de autocontrole e superação. Suplementos, relógios inteligentes e aplicativos de monitoramento prometem uma vida mais saudável e eficiente. Contudo, ao nos rendermos a cada alerta e notificação desses dispositivos, devemos nos perguntar se estamos de fato cuidando de nossa saúde ou apenas transformando nossos corpos em máquinas otimizadas para produzir e consumir sem limites.

As narrativas de transformação pessoal amplamente compartilhadas nas redes sociais não apenas nos inspiram, mas também reforçam a ideia de que devemos ser sempre mais, melhores e mais eficientes. É essencial questionar o impacto dessa mentalidade em nosso cotidiano, nossa saúde mental e nossas relações pessoais. A incessante busca por autoaperfeiçoamento pode ter um alto custo, fazendo-nos viver não de acordo com nossos valores, mas performando para um público invisível e, talvez, atendendo a um chamado que não reconhecemos de imediato.

Cada vez que calçamos nossos tênis de corrida, estamos, talvez sem saber, participando de um mercado global e de uma norma que nos incita a maximizar a produção — não só em termos econômicos, mas também no investimento em nós mesmos, um projeto sobre si, para sermos inseridos nesse mercado do esforço. A saúde, o lazer, a busca pelo melhor desempenho pessoal, a superação de nossos limites – essas metas tão pessoais estão, de certo modo, atreladas ao que o mercado espera e valoriza. Isso não é, por si só, algo negativo, mas é curioso observar como até nossas corridas matinais podem refletir uma certa economia do "si-mesmo."

No Brasil, a Confederação Brasileira de Atletismo divulgou, em 2016, que, ao longo de um período de doze meses, ocorriam mais de 250 corridas de rua, com aproximadamente dois milhões de participantes de diferentes sexos e faixas etárias, movimentando cerca de três bilhões de reais anualmente. Esses números são modestos em comparação com países como os EUA, onde pelo menos 25 milhões de pessoas praticaram corrida por 50 dias ou mais no ano[10].

Ao examinar o crescimento das corridas de rua no Brasil, percebe-se um fenômeno que vai além do mero aumento de números em eventos e participantes. O salto de 20% na realização desses eventos entre 2022 e 2023, juntamente com o sucesso de plataformas como a Ticket Sports[11] e aplicativos como o Strava, sugere uma maior abertura do esporte à população, refletindo um interesse crescente por um estilo de vida mais ativo e "saudável" após a pandemia de Covid-19. A estimativa é de que 1% da população mundial seja composta por corredores. Contudo, esse aumento nos números e o aparente benefício das corridas de rua revelam complexidades que exigem um olhar crítico mais apurado sobre as implicações sociais e econômicas dessa prática.

O desafio que propomos neste livro é responder a algumas questões fundamentais para esclarecer o que tem levado as pessoas

---

[10] Disponível em http://www.minasmarca.com/plus/modulos/noticias/ler.php?cdnoticia=19285#. WK2pkPDyvIU (Acessado em 22/02/2017).

[11] A *Ticket Sport* é maior plataforma de venda de inscrições para eventos esportivos no Brasil. Disponível em https://cbn.globo.com/brasil/noticia/2024/01/27/corrida-de-rua-ganha-novos-adeptos--e-se-torna-a-atividade-fisica-preferida-pelos-brasileiros.ghtml e acessado em 30 de abril de 2024

a correrem diariamente distâncias padronizadas de 5 km, 10 km, 21 km ou mais, justificando-se com diferentes argumentos. Entre esses, está a séria preparação para participar de um extenso calendário de corridas em níveis local, regional, nacional e internacional. Estamos correndo em busca de algo? Ou estamos fugindo de alguma coisa? Quais são as necessidades da nossa geração que encontram na corrida uma forma de satisfação? Essas demandas seriam semelhantes às de centenas de quenianos que lotam diariamente a mítica pista de atletismo em Iten? Certamente, as motivações desses atletas vão além do aspecto competitivo; para muitos, a corrida é um meio de ascensão social e econômica, tornando-se mais do que um esporte ou lazer — é uma forma de viver em meio à luta pela sobrevivência (Vancini *et al.*, 2013). O fenômeno do desempenho esportivo dos corredores quenianos levanta uma série de questões importantes que merecem ser brevemente apresentadas, a fim de compreendermos como as corridas de rua ainda se configuram como um mercado de trabalho relevante para esses profissionais.

De acordo com Ribeiro *et al.* (2013), existe uma base econômico-política envolvendo os corredores de longa distância no leste da África. Há mais de uma década, observa-se a intensificação das migrações esportivas ao redor do mundo, o que gera conflitos de interesse entre as confederações locais, os atletas estrangeiros e seus agentes. No Brasil, devido ao grande número de provas de corrida de rua com alto nível técnico e prêmios atrativos, existe uma forte demanda que atrai os corredores quenianos, provocando um movimento protecionista entre os corredores brasileiros em defesa do mercado local.

De fato, interesse por corridas de rua tem ultrapassado os interesses pessoais de amadores e profissionais do alto rendimento e atraído a atenção de grandes investidores de diferentes ramos de negócios. O que começou discretamente nas maratonas de Boston e Nova York, como eventos lucrativos que atraíam patrocinadores locais, transformou-se em um produto espetacularizado globalmente.

É importante lembrar que as corridas sempre estiveram presentes em eventos importantes nas sociedades antigas. Sua função social estava ligada à representação de virilidade e à capacidade de governar dos faraós do antigo Egito em festivais de coroação, assim como nos antigos jogos gregos. Correr era frequentemente um ritual religioso e militar, além de um meio de comunicação com os deuses (Gotaas, 2013).

Essas funções sociais ainda persistem em nosso tempo, mas hoje as representações do ato de correr atravessam um fenômeno social que demarca as relações contemporâneas: a mercadoria. É por meio da mercadoria que conseguimos nos manter vivos, satisfazendo nossas necessidades. Cada vez mais, o bem comum se configura como mercadoria, a exemplo da água e do próprio ato de correr. Isso nos leva à reflexão de Marx (2013, p. 113):

> [...] é, antes de tudo, um objeto externo, uma coisa que, por meio de suas propriedades, satisfaz necessidades humanas de um tipo qualquer. A natureza dessas necessidades — se, por exemplo, elas provêm do estômago ou da imaginação — não altera em nada a questão. Tampouco se trata aqui de como a coisa satisfaz a necessidade humana, se diretamente, como meio de subsistência [Lebensmittel], isto é, como objeto de fruição, ou indiretamente, como meio de produção.

A ideia de que a corrida é uma atividade democrática e acessível a todos não considera os custos associados à participação em eventos organizados. As taxas de inscrição podem ser proibitivas para muitos, e os equipamentos necessários, embora relativamente simples, também representam um investimento. Em algumas cidades, os custos de participação em corridas de rua podem variar de R$ 210 a R$ 800[12], o que pode ser um obstáculo significativo para

---

[12] Disponível em https://vejario.abril.com.br/coluna/luciana-brafman/economia-de-corrida/ acessado em 30 de abril de 2024.

muitos interessados. Essa realidade gera descontentamento entre os atletas amadores, especialmente aqueles que acabam sacrificando parte de seu orçamento para participar dessas corridas.

Além das barreiras financeiras, a falta de categorias e ajustes específicos para idosos e crianças ainda parece ser desconsiderada. Muitos eventos não oferecem distâncias adequadas, categorias etárias apropriadas ou infraestrutura que atenda às necessidades específicas desses grupos. Por outro lado, embora as mulheres estejam se destacando como as maiores participantes desses eventos, as condições para a prática de longas distâncias nas ruas e parques das cidades brasileiras são frequentemente inseguras, especialmente durante o período noturno. É curioso lembrar que, até meados dos anos 1960, acreditava-se amplamente que o corpo feminino não era adequado para esforços tão intensos, e as corridas de longa distância para mulheres eram vistas como algo indecente, que poderia até mesmo "sexualizá-las em excesso".

Essas questões nos levam a investigar alternativas em torno de políticas públicas para a modalidade e a identificar os pontos contraditórios que o fenômeno carrega. Esses elementos serão discutidos ao longo deste livro.

A preparação para esses eventos pode incluir meses de treinos supervisionados por treinadores pessoais, planos nutricionais especializados e frequentes viagens para participar de corridas em diferentes cidades, estados ou países. Cada etapa desse processo não apenas consome recursos financeiros, mas também exige tempo e energia, que são dedicados quase exclusivamente ao objetivo de completar a próxima corrida.

As corridas de rua, além de serem um fenômeno social, complexificaram-se como um fenômeno de mercado que consolida processos lucrativos em diversas esferas e dimensões. A corrida transforma-se em uma mercadoria que se valoriza no acúmulo de interesses, desde pequenas empresas até grandes patrocinadores, que buscam não só o lucro sobre produtos e serviços, mas também a permanência de suas marcas associadas a conceitos lucrativos como bem-estar, qualidade de vida, superação, sucesso pessoal, competitividade, motivação e foco, entre outros. Ou seja, a corrida passa a ser uma experiência humana que pode ser comercializada. Todo o drama interno que o indivíduo vivencia durante a corrida — desde os difíceis primeiros dez, quinze, trinta minutos até que o corpo se integre completamente ao objetivo de concluir a prova, passando pelas dificuldades de concentração, pelas lembranças dos treinos e pela incorporação da disciplina, até os conflitos internos que desafiam o corredor a cada quilômetro — transforma-se na matriz dessa mercadoria, constituindo-se em características desse valor de troca. Nesse sentido, os corredores não apenas consomem a experiência, mas sua participação e subjetividade configuram-se como um produto que circula pelas ruas, como se estivessem em uma linha de produção, passando por postos de controle e pontos de verificação onde é possível atestar a qualidade do movimento e do desejo, e validá-los ao longo do percurso.

Além disso, as maratonas impactam significativamente o espaço urbano. Durante algumas horas, frequentemente sob sol escaldante ou chuva, e até em horários inapropriados para uma prática segura, as cidades se transformam para acomodar as massas de corredores. Ruas são fechadas, desvios são criados, e uma infraestrutura temporária surge para dar suporte ao evento. Os participantes, uniformizados em camisetas — muitas vezes com logos de patrocinadores estampados —, tornam-se parte de um espetáculo visual que é simultaneamente um evento esportivo e uma poderosa ferramenta de marketing montada em circuitos itinerantes.

Essa transformação das cidades durante as corridas de rua ilustra bem a invasão da lógica de mercado nos espaços públicos, temporariamente convertidos em arenas de consumo coletivo.

Cria-se um território momentâneo[13], marcado por uma particularidade privada. Na verdade, isso intensifica uma tendência nas cidades: a perda do espaço público como um produto histórico. Como Milton Santos (1993) descreve, as cidades são divididas em zonas "luminosas" e "opacas", onde "os homens se movimentam de forma desigual". Nas zonas luminosas, o gosto pelo moderno e pela velocidade contrasta com as sobras periféricas "opacas", espaços de lentidão. Nas primeiras, há uma potência glorificada, referência para a civilização, onde se encontram "os ricos empanturrados e as gordas classes médias", aqueles que veem na velocidade uma força. Os outros, nas zonas opacas, parecem excluídos desse processo de atuação e aceleração. Nesses espaços inorgânicos e opacos, estão os fracos e quase imóveis, observando a realidade passar borrada, como uma fotografia, pelos rastros da produtividade capitalista que gera a vertigem do nosso tempo.

Milton Santos nos alerta sobre como isso ocorre nas cidades, enfatizando que os que vivem imersos no território, mas não presos às imagens pré-fabricadas por si mesmos, são os homens "lentos". Essas imagens constituem o mundo idealizado pelo capitalismo, em que o consumo é o alvo do conforto. "Os homens lentos, por seu turno, para quem essas imagens são miragens, não podem, por muito tempo, estar em fase com esse imaginário perverso e acabam descobrindo as fabulações" (Santos, 1993, p. 10). No entanto, não devemos idealizar esses "homens lentos", pois eles também estão imersos no único "tempo" existente no capitalismo, o tempo do "corre", das obrigações para sobreviver. O que importa aqui é que Milton Santos nos ajuda a entender que as corridas de rua são um fenômeno de um espaço que exige um ritmo frenético, uma temporalidade imposta ao sujeito de desempenho, uma perversidade difundida pelos tempos rápidos da competitividade, que

---

[13] Em sua tese, Nunes (2017) identifica as ruas como um território demarcado pelas contradições de interesses privados, como nas corridas de rua. O território não é apenas uma demarcação espacial, com alterações nos rumos das vias e bloqueios, mas, ainda, uma ocupação de fatores e atores percebidos na institucionalização do esporte.

nos conduz à exaustão. Nesse sentido, nosso esforço aqui se alinha ao do geógrafo: compreender a necessidade de ajustar o ritmo em direção a uma solidariedade inspirada em tempos mais dignos, apontando para um futuro diferente e melhor.

Nessas corridas, a ideia de comunidade é reformulada, aparecendo de forma abstrata e vaga, apesar de seu potencial: os participantes, embora compartilhem a mesma rota física, muitas vezes vivenciam o evento de maneira isolada, focados em seus dispositivos de monitoramento pessoal, buscando atingir metas e desafios pessoais, profundamente influenciados pela indústria da corrida. A forma de comunidade é momentânea; os laços sociais são descartáveis, sustentados pelo efêmero e superficial, mediados pelo próprio entretenimento da mercadoria corrida. As relações sociais tornam-se mais de aparência, onde a promoção pessoal se torna um valor em si. Muitas vezes, gasta-se o que não se tem para garantir uma inscrição ou até viajar para participar de uma corrida. Claro, não se exclui a possibilidade de uma conexão genuína entre alguns, mas esses eventos conferem prestígio social, e o sentimento de grupo é mais condicionado pelo consumo da experiência como produto.

O conhecimento técnico para correr de maneira eficaz e segura é outro ponto que merece atenção. No próximo capítulo, exploraremos em mais detalhes como a corrida se tornou uma prática complexa e um fenômeno social tão relevante. Embora correr pareça uma atividade que qualquer um possa fazer sem treinamento, a realidade é que, na forma como essa atividade se desenvolve atualmente, uma orientação adequada é crucial para evitar lesões e outros problemas de saúde, além de maximizar os benefícios da prática. Isso pode incluir o acompanhamento de uma assessoria, treinador ou fisioterapeuta, o que também envolve custos adicionais.

A corrida de rua é frequentemente vista como um símbolo de saúde e vitalidade, uma atividade que qualquer pessoa pode fazer para melhorar seu bem-estar físico e mental. No entanto, essa visão simplista esconde uma realidade mais complexa, repleta de nuances e profundamente influenciada pela indústria da corrida. Talvez este seja o principal ponto deste livro.

Na largada de cada corrida, enfrentamos a tentação de acelerar ao máximo, impulsionados pela emoção do momento e pela pressão de nossos próprios objetivos e expectativas. Contudo, este livro convida a uma reconsideração do ritmo com que perseguimos esses objetivos, propondo uma reflexão sobre como podemos equilibrar a busca pelo autodesenvolvimento com a manutenção de nossa saúde mental e valores pessoais. Em um mundo acelerado, onde a performance e a eficiência são frequentemente vistas como as únicas métricas de sucesso, "segurar o ritmo" pode ser um ato revolucionário. Mais importante, este livro destaca a transformação da corrida em uma mercadoria atraente, onde a própria essência da atividade é muitas vezes obscurecida pelo brilho do mercado.

Assim, ao calçarmos nossos tênis e nos alinharmos na largada, seja literal ou metaforicamente, que possamos lembrar que o verdadeiro valor não está apenas em quão rápido corremos, mas em como e por que escolhemos correr. Estar conscientes de que participamos não apenas de uma corrida, mas também de um fenômeno comercial complexo, nos permite ver a corrida não como uma simples competição — seja com os outros ou conosco mesmos —, mas como uma jornada de entendimento e equilíbrio pessoal. O verdadeiro desafio, então, é encontrar um ritmo que sustente o corpo como o ser integral que somos, ao longo dos percursos que decidimos seguir.

Como o leitor pode perceber até agora, nossas reflexões começaram com a caracterização do fenômeno da corrida de rua a partir de sua manifestação concreta: a forma como ela aparece nas ruas, nas redes sociais, na literatura, na moda, nas marcas de patrocinadores, nos atletas profissionais e nos eventos esportivos.

A corrida se transformou não apenas em um exercício físico, mas em um complexo conjunto de produtos e serviços que se entrelaçam para garantir um "estilo de vida" altamente comercializável e útil ao *status quo*. Mas como isso ocorreu? Qual o impacto desse fenômeno em nossas vidas? E como superar os limites mais fundamentais desse "corre" que tomou conta de nossas vidas?

2.

O PERCURSO: DA NATUREZA AO SOCIAL

Para realmente entender o papel social das corridas de rua hoje, precisamos refletir sobre como elas se integram à nossa sociedade. Essas corridas não são apenas uma forma de exercício ou deslocamento; elas refletem a maneira como vivemos, trabalhamos e até como interagimos com o ambiente ao nosso redor. Ao longo da história, a forma como corremos e por que corremos mudou significativamente.

Atualmente, essas corridas são muito mais do que um passatempo: elas configuram-se como um fenômeno sociocultural demandado pelo modo como a vida tem sido produzida e organizada. Em outras palavras, a prática da corrida reflete como o ser humano, por meio de sua atividade vital — o trabalho —, transforma a natureza e, consequentemente, a si mesmo.

Em resumo, as práticas sociais, como as corridas de rua, surgem como respostas às necessidades humanas, originadas da interação dinâmica entre a sociedade e a natureza. Essas respostas constituem parte da cultura corporal, um patrimônio histórico e social com gênese nas relações sociais desenvolvidas em cada época histórica. Essa objetividade humana é uma das expressões ontologicamente possíveis devido à capacidade do ser humano de desenvolver sua consciência através do processo de trabalho. Contudo, é importante esclarecer desde já que, aqui, o conceito de trabalho não se refere ao emprego ou à atividade laboral, mas sim ao trabalho em seu sentido mais amplo, como uma mediação do ser humano com a natureza.

Exploraremos essa formulação mais detalhadamente adiante, mas é essencial antecipar a compreensão de como o ser humano se constitui no mundo para entender o que o leva a responder a necessidades específicas, como a prática da corrida. A relação do ser humano com a natureza, visando à sua sobrevivência, traduz-se literalmente em uma produção da vida. Nesse contexto, é fundamental reconhecer a existência de um intercâmbio denominado 'metabolismo social'[14], que desempenha um papel crucial no desenvolvimento das capacidades individuais e na construção das relações sociais. Esse conceito refere-se à maneira como as sociedades humanas organizam, regulam e controlam a troca de materiais e energia com o meio ambiente, abrangendo desde a produção e consumo de bens até a geração e uso de energia, bem como a eliminação de resíduos.

Além do aspecto físico, o metabolismo social também abrange a produção e reprodução das condições sociais e econômicas indispensáveis à vida em sociedade. Isso inclui as relações de trabalho, as normas culturais e políticas, e os sistemas econômicos que determinam como os recursos são utilizados e distribuídos.

Nesse sentido, as corridas de rua podem ser vistas como uma resposta do ser humano às necessidades de produção e reprodução social, alinhando-se com os interesses e valores predominantes na dinâmica da realidade. Esse fenômeno nos proporciona uma compreensão mais profunda de nós mesmos e do mundo ao nosso redor. Ao correr, não estamos apenas movimentando nossos corpos; estamos participando de uma prática sociocultural que foi moldada e refinada ao longo dos séculos. Correr satisfaz necessidades humanas demandadas pelas transformações sociais, econômicas e culturais de cada época.

Vejamos!

Ao considerarmos a evolução da corrida desde os primeiros humanos até hoje, percebemos que ela não é apenas um ato instintivo ou natural. Originalmente, correr era essencial para a

---

[14] O conceito de "metabolismo social" é usado principalmente em estudos de ecologia, economia e sociologia para descrever a relação dinâmica entre a sociedade humana e o ambiente natural. Essa noção foi desenvolvida a partir do trabalho do filósofo e economista Karl Marx, que usou o termo "metabolismo" *(Stoffwechsel* em alemão) para explicar o processo de interação entre seres humanos e natureza, principalmente através do trabalho.

sobrevivência — auxiliava na busca por alimentos, abrigo e na manutenção da vida social, crucial para a proteção e o desenvolvimento das comunidades. Com o tempo, à medida que as sociedades humanas se tornaram mais complexas, a maneira de correr também se transformou, refletindo não apenas uma necessidade física, mas também uma série de práticas e significados culturais que evoluíram em conjunto com o trabalho e outras atividades humanas. Além disso, a técnica de corrida foi se desenvolvendo com a contribuição das ciências.

A corrida, mais do que uma simples "atividade física", tem raízes profundamente entrelaçadas na história e evolução humanas. Originou-se como uma necessidade fundamental de deslocamento, vital para a sobrevivência, permitindo que os antigos humanos caçassem, migrassem e explorassem novos territórios.

Ademais, a corrida servia como um método crucial para a transmissão de mensagens entre diferentes povos, desempenhando um papel essencial para garantir comunicações estratégicas em sociedades já desenvolvidas. Com o tempo, essa prática evoluiu para uma atividade com múltiplos significados e funções, como exemplificado pelas apostas feitas por frequentadores de *pubs* até sua institucionalização como esporte olímpico, consolidando-se como um fenômeno sociocultural contemporâneo.

Essa evolução revela que correr, mais do que uma função biológica, tornou-se parte de uma "cultura corporal". Essa cultura foi se desenvolvendo para atender a demandas cada vez mais sofisticadas, moldadas pelas mudanças nas formas de trabalho e nas estruturas sociais. Assim, a corrida de hoje é influenciada por diversos fatores que vão além da simples necessidade de movimento, englobando aspectos de saúde, lazer, competição e até mesmo status social.

As técnicas modernas de corrida que observamos hoje são o resultado de um longo processo evolutivo, moldado pelo desenvolvimento das forças produtivas e pelas mudanças culturais e sociais ao longo da história humana. Essa evolução fez com que o gesto de correr, como praticado pelos primeiros humanos, diferisse significativamente das formas técnicas que reconhecemos no atletismo contemporâneo. Atualmente, correr assume conotações e formas diferentes em várias culturas, muitas vezes não se alinhando ao que hoje entendemos como técnica de corrida no esporte.

Marcel Mauss (2003), em sua análise sobre as "técnicas do corpo", explorou a ideia de que os movimentos corporais, como a corrida, não são inatos, mas moldados culturalmente. Ele argumenta que aquilo que muitas vezes consideramos movimentos naturais são, na verdade, técnicas aprendidas, que variam significativamente entre diferentes culturas e períodos históricos.

Por exemplo, Mauss destacou que diferentes sociedades têm técnicas distintas para correr, transmitidas de geração em geração. Essas técnicas são afetadas por uma multiplicidade de fatores, incluindo os utensílios utilizados, os estilos de vida e os meios de transporte predominantes em uma cultura. Interessantemente, Mauss observou que até mesmo movimentos simples, como caminhar ou nadar, são executados de maneiras diferentes em culturas distintas, refletindo as variadas técnicas corporais que cada sociedade desenvolve.

Em seu estudo, Mauss também mencionou a prática dos caçadores australianos, que perseguiam cangurus até que estes se cansassem — uma estratégia de corrida de resistência que não era exclusiva de uma única tribo, mas sim uma técnica difundida entre vários grupos, sugerindo que a corrida como técnica de caça tem raízes profundas e variadas nas práticas humanas ao longo da história.

Essa observação ressoa fortemente com o que Christopher McDougall (2010) discute em seu livro *Nascidos para Correr: A Experiência de Descobrir uma Nova Vida*, onde explora a extraordinária capacidade de corrida de longa distância da tribo Tarahumara, no México. McDougall sugere que a habilidade de correr longas distâncias não é apenas uma característica física, mas também parte integral da cultura e da história humana, uma ideia que ecoa nas observações de Mauss sobre as "técnicas do corpo". McDougall argumenta que a corrida tem profundas conexões com a saúde e o bem-estar humano, uma visão que se alinha à ideia de Mauss de que as técnicas corporais são fundamentais para a experiência humana.

A análise de Mauss nos oferece uma perspectiva valiosa, desafiando-nos a reconsiderar práticas que consideramos 'naturais' em nosso comportamento corporal, revelando-as como construções sociais e culturais profundamente enraizadas. Ele demonstra que essas práticas não são universais, mas específicas aos contextos históricos e culturais de cada sociedade. Essa visão nos ajuda a compreender a corrida não apenas como uma habilidade física, mas também como uma expressão cultural que reflete tanto as necessidades materiais quanto as concepções de mundo de diferentes épocas.

Esse entendimento é crucial para tentar responder às questões levantadas no primeiro capítulo e nos provoca novas perguntas: Por que corremos tanto hoje? Estamos correndo em busca de algo ou estamos fugindo de alguma coisa? É essencial reconhecer que corremos sobre um mundo, um território que é produzido por nós, seres humanos. Essa produção do mundo se dá pelo trabalho humano, pela linguagem e pela maneira como nos socializamos para que as coisas aconteçam. Na verdade, estamos produzindo nossa própria vida e garantindo nossa permanência no mundo, com o objetivo de nos reproduzirmos biologicamente e socialmente.

No entanto, isso nem sempre foi assim. A forma como produzimos nossa realidade vem se transformando histórica e socialmente. No passado, nos reproduzíamos através de uma relação mais primitiva com a natureza, onde os produtos naturais eram acessados diretamente para suprir a fome e proporcionar abrigo. Naquela época, o trabalho resultava em objetivação com resultados menos sofisticados do que os atuais; as ferramentas e utensílios refletiam uma consciência que se desenvolvia com o que o mundo oferecia na época.

À medida que novos objetos eram criados, surgiam novas necessidades, pois a sociedade demandava soluções para problemas inéditos associados a esses objetos. Uma pedra afiada, por exemplo, não apenas cortava a madeira, mas ambos se articulavam para atender a uma demanda mais complexa. Dessa forma, o que inicialmente era particular pode se tornar universal, abrangendo um gênero mais amplo.

Com a capacidade e a confiança de explorar o mundo, os nômades arriscavam-se a percorrer grandes distâncias. A manutenção e qualificação da vida exigiam esse movimento para superar as barreiras impostas pela natureza. O deslocamento era fundamental, e as estratégias de sobrevivência contribuem para o desenvolvimento do corpo. Não só a técnica de caça se aprimorava, mas o próprio corpo adaptava-se fisiologicamente ao processo. Uma dinâmica dialética entre os objetivos de avanço e o confronto com a natureza proporcionava o acesso a novos alimentos, o que contribuía para estabelecer novas funções biológicas em um cérebro cada vez mais complexo (Lieberman, 2015). O acesso a uma variedade de macronutrientes abria um leque de oportunidades biológicas e sociais para o indivíduo.

Ao se estabelecerem sedentários e capazes de armazenar alimentos, esses humanos passaram a construir relações diferentes das formas anteriores de vida. A forma econômica que se desenvolveu — a relação estabelecida pela transformação da natureza através do trabalho — não apenas alterava a natureza, mas transformava fundamentalmente o ser humano. Certamente, é o trabalho que se constitui como o fundamento do ser humano. Trata-se de uma questão ontológica; é através do trabalho que o ser humano se torna cada vez mais humano. Além disso, a linguagem e a socialidade consolidam esse ser social. Essas ideias são desenvolvidas na obra do filósofo húngaro György Lukács (2013).

Até aqui, o leitor pode constatar que os gestos humanos, as formas de relação com a natureza e a comunicação com outros seres humanos se ampliaram e se complexificaram. As tecnologias em desenvolvimento tornaram-se uma extensão da corporalidade humana. Essa corporalidade não se reduz a uma dimensão físico--orgânica, mas manifesta-se como uma totalidade, em que a consciência se desenvolve em um ser social complexo. Um machado, por exemplo, possui a capacidade de construir um abrigo mais eficaz do que a mão humana. Da mesma forma, as formas de deslocamento, como caminhar e correr, não estão fora dessa lógica; elas assumem diferentes formas e intencionalidades, atendendo a necessidades singulares.

Não devemos nos distrair e devemos lembrar que o mundo já não é o mesmo, assim como os problemas a serem enfrentados também não são. Diferentes povos desenvolveram suas relações com a natureza e entre si sob variados modos de produção. Enquanto alguns grupos mantinham práticas que promoviam o uso comum dos recursos produzidos coletivamente, outros recorriam à força e à violência para impor suas necessidades, estabelecendo relações de poder distintas. Nesse processo, os grupos mais fortes frequentemente subjugaram os mais fracos ou menos numerosos, que acabavam escravizados e obrigados a produzir sob as ordens dos dominadores, utilizando seus conhecimentos técnicos em benefício destes. Essa trajetória de desenvolvimento humano revela não apenas progresso técnico, mas também a complexidade e ambivalência das relações sociais que moldam nossa história.

Ao longo da história, a humanidade passou por uma série de transformações profundas em seus modos de produção, refletindo as condições materiais e as relações sociais específicas de cada época. No comunismo primitivo, os recursos eram compartilhados entre todos os membros da comunidade, refletindo um espírito de coletividade e mutualidade. Contudo, com a transição para sociedades agrárias mais estratificadas, observamos uma organização mais rígida da terra e do trabalho, regida por princípios de propriedade e hereditariedade. Essa evolução trouxe consigo a formação de estruturas de poder mais complexas, marcando o nascimento de estados e impérios que centralizavam tanto o poder quanto a produção.

Historicamente, a corrida tem sido uma manifestação significativa de atividade econômica e estratégica. Desde seu papel nas forças militares da Antiguidade até sua importância nas expedições dos bandeirantes e na evangelização realizada pelos jesuítas, a corrida sempre esteve associada às conquistas político-econômicas cruciais para o desenvolvimento de projetos sociais e políticos. Não é à toa que expressões como "corrida armamentista", "corrida espacial", "corrida tecnológica", "corrida nuclear" e o nosso "corre" diário refletem a lógica de competição intensa para chegar à frente, mediante um esforço concentrado em superar desafios de todas as ordens.

No período feudal, especialmente na Europa medieval, a terra tornou-se a principal fonte de riqueza. A nobreza e a Igreja dominavam vastas extensões de terra, enquanto a população camponesa vivia sob o sistema de servidão, subjugada e com poucas oportunidades de ascensão social. A produção nesse período era predominantemente local, com o comércio e a economia limitados, embora as rotas comerciais de longa distância começassem a indicar as primeiras interações com um mercado emergente.

Durante as Cruzadas, peregrinações e expedições militares cristãs, percorrer longas distâncias era fundamental para alcançar terras prometidas, justificando sacrifícios extenuantes. Essas jornadas não eram apenas físicas — envolvendo a travessia de longas distâncias por terra e mar desconhecidos —, mas também espirituais e ideológicas.

Os participantes dessas expedições enfrentavam condições adversas, como clima severo, doenças e ataques de forças hostis. No entanto, estavam dispostos a suportar esses desafios devido às suas crenças e objetivos. Para muitos, essas expedições eram vistas como uma forma de penitência ou redenção espiritual. Acreditava-se que, ao se esforçarem em nome da fé, garantiriam um lugar no céu. Assim, a "corrida" era também uma busca espiritual, um esforço para se aproximar de Deus. Essa lógica ainda é visível nas ruas modernas, onde o esforço físico muitas vezes se mescla com a busca por propósito e significado.

Além disso, as Cruzadas e outras expedições militares também podem ser vistas como uma "corrida" ideológica, impulsionadas por uma visão de mundo que via o cristianismo como superior a outras religiões e culturas, com a missão de espalhar essa fé. Assim, a "corrida" era também uma luta para conquistar corações e mentes, para estabelecer a supremacia de suas crenças.

Em todos esses aspectos, a ideia de "corrida" captura a intensidade, o sacrifício e a determinação que caracterizaram essas expedições. No entanto, é importante lembrar que essas "corridas" tiveram consequências significativas, tanto positivas quanto negativas, para as pessoas e culturas envolvidas. Elas moldaram a história de maneiras complexas e duradouras, e seu legado ainda é sentido hoje.

Nesse período, atravessar densas florestas e bosques era uma atividade repleta de perigos e desafios. Andarilhos frequentemente tinham suas vidas ameaçadas pela aristocracia, que via esses deslocamentos como uma ameaça à estabilidade do Estado. Esses percursos não eram apenas físicos, mas carregavam um forte simbolismo de resistência e desafio às estruturas de poder estabelecidas.

Ainda hoje, podemos evocar um período romântico em que autores clássicos e filósofos[15] celebravam os benefícios espirituais e contemplativos da caminhada. Caminhar e correr por bosques, florestas, ou até mesmo pelas nascentes paisagens urbanas, transcendiam o simples ato de deslocamento de um ponto a outro. Essas atividades eram vistas como uma busca por algo mais profundo:

---

[15] Não é de admirar, portanto, que muitos escritores tenham abordado o tema da caminhada. Foi o caso do filósofo Jean-Jacques Rousseau (1712-1778), figura marcante do Iluminismo francês e precursor do romantismo – os românticos, sobretudo os alemães, eram grandes andarilhos. Em suas Confissões, disse Rousseau: "Só consigo meditar quando caminho. Minha mente só trabalha junto com minhas pernas". À obra (publicada postumamente) que resume muito de sua biografia e de sua filosofia, Rousseau deu o título de Os devaneios do caminhante solitário (Lês rêveries du promeneur solitaire). Os dez capítulos são denominados promenades (caminhadas). Finalmente, temos um termo analisado tanto pelo poeta francês Charles Baudelaire (1821-1867) como pelo escritor alemão Walter Benjamin (1892-1940). Trata-se de flâneur, que vem do verbo flâner, vagar (em português temos o galicismo flanar). O flâneur, do qual Benjamin era um exemplo, vagava por Paris, observando o que se passava a seu redor.

uma experiência, um reforço espiritual, ou uma nova compreensão do mundo circundante.

Naquela época, o mundo passava por grandes transformações. As cidades se expandiam rapidamente, enchendo-se de multidões; a industrialização acelerava-se com suas linhas de montagem inovadoras; e a noção de que "tempo é dinheiro" começava a moldar a abordagem burguesa ao mundo dos negócios. Nesse contexto, caminhar ou assumir o papel do *flâneur* — aquele que passeia sem destino pela cidade, observando a sociedade — tornava-se uma forma de absorver conhecimento através do corpo em movimento. O *flâneur* observava e interagia com as paisagens urbanas, refletindo sobre os produtos e processos de sua época, uma prática rica em percepções culturais e históricas, conforme explorado por Rebecca Solnit (2019).

Essa perspectiva sobre o caminhar como uma prática enriquecedora oferece uma lente através da qual podemos reavaliar nossa relação contemporânea com o espaço e o tempo. No frenesi das nossas rotinas diárias, muitas vezes esquecemos de observar e interagir verdadeiramente com o ambiente ao nosso redor. Ao revisitarmos essa prática histórica, somos convidados a desacelerar e redescobrir a riqueza das experiências cotidianas, promovendo um diálogo entre o passado e o presente sobre o significado e o impacto de nossos movimentos pelo mundo.

A grande transformação ocorreu com o advento do capitalismo, cujas raízes podem ser rastreadas até o Renascimento e que se acelerou significativamente com a Revolução Industrial. A introdução de máquinas e o desenvolvimento de fábricas marcaram a transição de uma economia agrária para uma economia industrial. Esse período trouxe uma reavaliação do valor da mão-de-obra, agora cada vez mais associada ao tempo de trabalho e remunerada por salários. A produção em massa e o consumo de mercadorias tornaram-se os novos pilares da economia, enquanto o mercado global se expandia, impulsionado por inovações significativas em transporte e comunicação. Nesse contexto, observamos que a mercadoria começou a universalizar gostos, costumes e modos de relacionamento, impactando diretamente nosso cotidiano.

No século XIX, as famílias abastadas exibiam um modo de vida que refletia e reforçava uma moral burguesa, marcada por um rigoroso controle e moderação do comportamento corporal. Esse período foi caracterizado por uma forte aversão à promiscuidade, com as "regras de etiqueta" normatizando condutas e interações sociais. Esse conjunto de normas servia como um ordenamento essencial para sustentar e perpetuar o ideário burguês, consolidando sua posição dominante na sociedade.

Essa moral, que impunha utilidade e disciplina rigorosas ao corpo, perdurou por muito tempo, influenciando profundamente as percepções sociais. Naquela época, andar sem destino ou sem um propósito específico era visto como um sinal de vagabundagem, comportamento desaprovado pelos detentores do poder local. Os andarilhos eram frequentemente percebidos como ameaças à ordem pública, rotulados como desorientados e desvinculados da razão produtiva — uma visão que, de certa forma, ainda ecoa no tratamento dado pelo Estado às periferias urbanas.

Esse estigma associado à liberdade de movimento reflete a tensão entre as normas de conduta impostas pela elite e a autonomia individual, um tema que ainda ressoa nas discussões contemporâneas sobre o espaço urbano e sua segregação. O controle social exercido sobre os corpos e movimentos revela muito sobre as dinâmicas de poder e resistência que moldaram e continuam a moldar as estruturas sociais, bem como as subjetividades modernas — os indivíduos na modernidade.

Esse novo modo de produção não apenas aumentou a eficiência e a capacidade de geração de riqueza, mas também intensificou as desigualdades sociais e econômicas, estabelecendo o palco para o capitalismo moderno, que hoje domina e define a ordem global. Esse sistema influencia profundamente as relações sociais e culturais, reconfigurando até mesmo práticas corporais, como a corrida e outros conteúdos da cultura corporal, que, em contextos contemporâneos, são tanto formas de lazer quanto elementos integrados à lógica de mercado e desempenho.

A evolução dessas práticas ao longo da história, especialmente sob a influência do capitalismo, demonstra que as "atividades físicas", ou melhor, as práticas corporais, longe de serem originalmente naturais e espontâneas, foram cooptadas e transformadas conforme as necessidades de produção e consumo da sociedade moderna. A história da corrida, assim, não reflete apenas mudanças na capacidade física ou nos estilos de vida, mas também serve como um espelho das transformações sociais e econômicas que moldaram e continuam a moldar nossa maneira de viver.

No caso específico das corridas, Gotaas (2013) descreve a revolução do *jogging* nas décadas de 1960 e 1970, que transformou radicalmente a prática da corrida, promovendo-a de uma atividade marginal a um fenômeno de massa que ressoa até hoje. Figuras como Arthur Lydiard e Kenneth Cooper foram pioneiros nesse movimento, defendendo o *jogging* como uma forma essencial de exercício para a saúde cardiovascular. Lydiard incentivava pessoas de todas as idades a se engajarem em corridas de longa distância, enquanto Cooper popularizou o conceito de aeróbica, destacando os benefícios do exercício regular para a prevenção de doenças. Além disso, Cooper também contribuiu para qualificar o corpo das forças armadas dos Estados Unidos com as capacidades físicas necessárias para a resistência.

Essa revolução impulsionou a indústria esportiva, especialmente no desenvolvimento de produtos específicos para a corrida, como tênis e roupas técnicas, refletindo a crescente demanda por equipamentos que suportassem essa prática. Além disso, fomentou uma maior conscientização sobre a saúde pública e estimulou a formação de comunidades por meio de grupos de corrida e eventos esportivos, reforçando o aspecto social dessas práticas.

Hoje, a corrida ou *running* evoluiu além do *jogging* recreativo. Tornou-se uma cultura global que abrange não apenas a manutenção da saúde, mas também o desempenho atlético, o lazer e até a competição profissional. Enquanto o *jogging* era visto como uma atividade acessível para melhorar a saúde geral, o *running* moderno abrange uma gama mais ampla de práticas e significados. Corredores casuais e atletas sérios participam de maratonas, corridas de trilha e eventos de ultradistância, cada um com suas demandas específicas de treinamento e equipamento.

O *running* contemporâneo também se beneficia de tecnologias avançadas, como *wearables* e aplicativos de fitness, que permitem aos corredores monitorar seu desempenho e saúde em tempo real — algo impensável durante o auge da revolução do *jogging*. Essa integração da tecnologia transformou a experiência de correr, tornando-a uma atividade altamente quantificável e técnica.

Em comparação, o *jogging* da revolução inicial focava mais na inclusão e no bem-estar geral, sem o peso do desempenho técnico e da competição que muitas vezes acompanha o *running* atual. Hoje, a corrida é tanto uma expressão de *fitness* pessoal quanto uma declaração de identidade e estilo de vida, destacando como esse simples ato de correr evoluiu para se tornar um componente integrante e influente da cultura moderna.

Caminhar e correr são vistos não apenas como "atividades físicas", mas como práticas sociais ricas e multifacetadas que permeiam diversos aspectos da vida econômica, geográfica, comportamental e política. Essas atividades se tornaram um fenômeno social, abraçado por uma ampla diversidade de povos e gerações que se engajam em corridas por razões que vão além da simples locomoção ou do exercício físico, abrangendo o que hoje é atribuído à promoção da saúde, ao lazer, ao estilo de vida e até mesmo a interesses comerciais. Esses termos, ideológica e politicamente carregados, definem um fim moral que molda o comportamento social, e são o foco deste livro.

No cenário atual, as corridas de rua assumiram novos significados e funções. Eventos como aniversários, por exemplo, são celebrados com corridas, onde o aniversariante convida amigos e familiares, sobretudo os do círculo de corridas, para correrem juntos, transformando a celebração em uma experiência comunitária e ativa, seguida de socialização em torno de mesas repletas de frutas, massas e cervejas.

Entretanto, em uma época marcada por transformações sociais e econômicas dinâmicas no modo como organizamos nossas vidas, a corrida de rua também reflete as tensões e contradições do nosso tempo. Corridas, que um dia foram livres e acessíveis, agora são frequentemente cercadas por interesses corporativos, transformando-as em mercadorias dentro de um competitivo mercado esportivo. O que era um simples ato de correr transformou-se em uma demonstração de "status", poder aquisitivo e até de identidade pessoal — algo que antes era reservado para atletas e figuras de destaque em sociedades antigas.

Atualmente, esse mercado abrange uma variedade de aspectos, incluindo a organização de eventos, fornecimento de equipamentos e serviços, como cronometragem, sinalização, hidratação e kits de corrida. Soma-se a isso a necessária relação com a institucionalidade pública, já que o fenômeno mobiliza setores de tráfego, segurança, defesa civil, entre outras instâncias de apoio indispensáveis.

Em algumas corridas, como maratonas, podemos identificar corredores espalhados na multidão com uma função específica, os chamados "coelhos". Eles são contratados pelos organizadores para ditar o ritmo (*pace*) dos atletas durante as provas. O papel do coelho é ser a referência para a quantidade de minutos por quilômetro no início da prova. Como parte integrante da cadeia produtiva desse fenômeno, ele "puxa" grupos de corredores que treinaram em ritmos específicos.

Sem dúvida, coelho é uma expressão interessante e que nos ajuda a compreender o próprio fenômeno das corridas de rua. Embora não haja uma explicação clara sobre sua origem, pode-se especular que tenha relação com as corridas de cães da raça Galgo, que competem sendo motivados por coelhos à sua frente. Vale refletir sobre o personagem de *Alice no País das Maravilhas*, onde o Coelho Branco está sempre com pressa, verificando seu relógio, ditando o ritmo da história de certa forma. Assim como o coelho em uma corrida de rua, ele serve como um guia para Alice, conduzindo-a pelas diversas aventuras do País das Maravilhas. Tal metáfora nos alerta para o "mundo maravilhoso" em que corremos. Alice se encontra nele desafiando a lógica e as regras que conhecia, e da mesma forma, muitas vezes somos colocados em situações que nos obrigam a questionar nossas suposições e a nos adaptar a novas circunstâncias. O Coelho Branco, sempre preocupado com o tempo, pode simbolizar a lógica desse próprio mundo, e não é à toa que Alice frequentemente questiona sua identidade durante a jornada, assim como nós frequentemente nos perguntamos sobre nossa própria identidade e propósito na vida.

Outro personagem importante no mercado das corridas refere-se aos influenciadores, especialmente os *youtubers*, que vivem de comentar, instruir em diversas especialidades os corredores, e divulgar acessórios, objetos e eventos. Muitos desses influenciadores contam com o apoio de marcas e empresas que produzem esses eventos, utilizando suas plataformas para promover produtos e serviços relacionados à corrida. Esse mercado de eventos e acessórios relacionados à corrida tem crescido exponencialmente, impulsionado não apenas pela demanda dos participantes, mas também pela popularidade desses influenciadores, especializados ou não. Grandes marcas veem nesses personagens uma valiosa oportunidade de marketing, reforçando ainda mais essa tendência.

Essa expansão reflete como a corrida de rua se tornou uma plataforma para mais do que apenas atividade física; ela é um fenômeno cultural que cria desejos, engaja consumidores, promove marcas e influencia a economia local e global. Um dos exemplos mais emblemáticos das formas como esses eventos se potencializam são os desafios conhecidos como Mandalas, onde os participantes se empenham em completar várias provas para conquistar uma coleção de medalhas. A mais renomada dessas mandalas é o *Six Majors*, que abrange seis das maratonas mais icônicas do mundo:

Boston, Nova York, Berlim, Chicago, Londres e Tóquio. Para completar essa mandala, os corredores devem participar e finalizar todas essas maratonas, um feito significativo e muito respeitado no universo das corridas de rua. Outro exemplo é o Desafio da Mandala, que envolve correr ou caminhar distâncias crescentes (5 km, 10 km, 15 km e 21 km) ao longo de quatro fins de semana consecutivos. Esses desafios são vistos como excelentes oportunidades para manter a motivação em alta e garantir a continuidade na prática esportiva — claros exemplos da mercadoria e seu fetiche.

Reconhecendo o potencial de marketing desses eventos, nos últimos anos observou-se um crescente interesse do agronegócio em intensificar sua atuação no campo cultural, com o objetivo de fortalecer sua posição na construção de uma hegemonia econômica. No Brasil, a relação entre esse modelo produtivo e a indústria cultural vem se consolidando desde a década de 1960.

No sertão pernambucano, a cultura corporal tem sido alvo de interesses do agronegócio, e o apoio a corridas de rua tem se destacado, especialmente com a presença de empresas e multinacionais no polo da fruticultura irrigada. A Bayer, por exemplo, atua como patrocinadora master de eventos que se tornaram referências no país. Entre esses eventos está a Corrida Rústica Internacional do Agronegócio, realizada em Petrolina, Pernambuco, promovida pela empresa local Seiva do Vale. Este evento atrai milhares de corredores, incluindo atletas internacionais de elite, e oferece percursos de 5 km e 15 km, com premiações que totalizam mais de R$ 100 mil. Além disso, a corrida é chancelada pela World Athletics, o que valida as marcas registradas no ranking oficial. Outro destaque é a Corrida da Fruticultura Irrigada, uma meia maratona que ocorre no Núcleo 3 do Projeto Senador Nilo Coelho, na zona rural de Petrolina. Este evento inclui provas de 21 km e 7 km, com várias categorias, incluindo uma para pessoas com deficiência, também chancelado pela World Athletics.

Sobre essa relação com o agronegócio e a indústria cultural, Chã (2018) analisa como essas empresas utilizam estratégias para construir e manter a hegemonia, com foco específico nas esferas da comunicação e da cultura. Ela observa que as políticas culturais, as ações promovidas e as mensagens veiculadas desempenham papéis significativos nesse processo. A mercantilização da cultura e da arte não apenas promove o agronegócio, mas também ajuda a naturalizar relações de poder, suaviza conflitos sociais[16] e encoraja o consumo. Além disso, Chã destaca que a hegemonia é um fenômeno em constante transformação, necessitando de contínuas reinvenções. No contexto da atual expansão do agronegócio, as empresas têm expandido e diversificado suas estratégias culturais para ajustar sua imagem e consolidar seu consenso.

O leitor deve atentar-se ao fato de que as representações modernas da caminhada e corrida refletem uma rica tapeçaria de significados e propósitos que transcendem suas origens antigas. Essas práticas são um espelho das complexidades e dinâmicas de nossa sociedade contemporânea, oferecendo *insights* valiosos sobre como as práticas culturais podem evoluir e se adaptar às necessidades de uma sociedade e aos desejos de uma população diversificada.

Para compreender o fenômeno das corridas de rua na contemporaneidade, é fundamental situá-lo na fase atual do modo de produção capitalista, que Ernest Mandel denomina de capitalismo

---

[16] As grandes empresas do agronegócio, como a Monsanto (agora Bayer), têm sido alvo de críticas e controvérsias devido a várias contradições e problemas que emergem de suas práticas. Um dos principais pontos de crítica é o monopólio e a concentração de poder no setor, que leva à redução da diversidade genética e ao controle excessivo sobre as sementes e a produção agrícola. Estas empresas frequentemente promovem produtos como sementes geneticamente modificadas e pesticidas que, embora prometam aumentar a produtividade e a resistência das culturas, têm gerado preocupações sobre seus impactos na saúde humana e ambiental. O uso intensivo de produtos químicos associados a essas tecnologias, têm sido ligado ao esgotamento do solo, à contaminação de água e ao declínio da biodiversidade. Além disso, práticas agressivas de patenteamento e litígios contra pequenos agricultores que não cumprem com os termos de uso das sementes reforçam a dependência e a vulnerabilidade desses agricultores. Essas questões evidenciam um conflito entre os interesses corporativos e as necessidades sustentáveis e éticas da agricultura, mostrando um desequilíbrio entre lucros empresariais e a responsabilidade socioambiental.

tardio[17]. Nesse contexto, o neoliberalismo surge como uma resposta às crises econômicas desse sistema, intensificando as mudanças no cotidiano e nas relações sociais, e acirrando as contradições em nome da acumulação de valor pelo capital. A globalização e o avanço tecnológico remodelaram profundamente as relações de trabalho e consumo, expandindo o mercado global e gerando uma nova onda de interconexões econômicas e culturais. As práticas diárias foram moldadas por uma cultura de consumo intensivo, com a publicidade e os meios de comunicação desempenhando papéis cruciais na formação dos desejos e comportamentos dos consumidores. A noção de tempo livre e lazer também foi transformada, com atividades como as corridas de rua sendo incorporadas a uma lógica de mercado que enfatiza o desempenho, a competição, a auto-otimização e a autopromoção.

Essa trajetória histórica, que vai da subsistência à comercialização e financeirização da vida, revela como os modos de produção moldam não apenas a economia, mas também as estruturas sociais e o próprio tecido das vidas individuais. As transições do império para o feudalismo e deste para o capitalismo não representaram apenas mudanças econômicas, mas transformações profundas que redefiniram as experiências humanas — desde a maneira como trabalhamos até como valorizamos o tempo e vivemos nossos dias. Assim, essas mudanças também impactam a forma como corremos.

É crucial considerar isso, especialmente agora, quando as sociedades são profundamente influenciadas pelo capitalismo em sua forma neoliberal, que define muitas das regras sobre como organizamos, produzimos e consumimos nossas vidas. Esse sistema

---

[17] O termo "capitalismo tardio", descrito por Ernest Mandel (1982), refere-se ao período mais recente do desenvolvimento capitalista, caracterizado por uma série de transformações estruturais na economia global. Mandel argumenta que esta fase, que começou após a Segunda Guerra Mundial, é marcada por uma intensificação da internacionalização do capital, o avanço tecnológico acelerado, e a crescente financeirização das economias. Ele também destaca o aumento da intervenção estatal na economia, a expansão dos mercados de consumo em escala global, e as novas formas de exploração e controle da força de trabalho. Essa fase é vista como uma continuidade e intensificação das tendências inerentes ao capitalismo, levando a novos níveis de concentração e centralização do capital, além de crises cíclicas cada vez mais profundas.

nos orienta para uma condição de estranhamento (alienação) que se manifesta em fetichismo e reificação. Como resultado, vivemos formas de vida cada vez mais precarizadas, com contradições significativas, como o aumento da desigualdade social, o esvaziamento produtivo, o trabalho precarizado, o desemprego estrutural, a destruição ambiental, a privatização dos bens comuns e um estado de guerra permanente.

Esses são aspectos que merecem ser contextualizados aqui, como contradições que afetam materialmente nossas vidas e se apresentam como problemas que impactam necessidades essenciais. O ato de correr, como uma expressão de necessidade humana, está preso entre a natureza e a cultura. Esta última é condicionada pelo capital, transformando necessidades naturais em artifícios ditados pelo mercado.

2.1 Da Natureza ao Capital: o problema das Necessidades Humanas

As necessidades humanas, enquanto aspectos fundamentais da existência, são moldadas e redefinidas pelas condições históricas em que os indivíduos e as sociedades se desenvolvem. Embora algumas necessidades básicas, como alimentação, água, abrigo e proteção, permaneçam constantes, a forma como elas são percebidas e satisfeitas varia significativamente ao longo do tempo, influenciada por fatores econômicos, sociais e culturais.

A partir da corrida, vimos como, na origem da humanidade, as necessidades humanas estavam diretamente ligadas à sobrevivência física. Com o tempo, a satisfação dessas necessidades básicas passou a ser mediada por formas cada vez mais complexas de organização social e econômica. Nas sociedades pré-industriais, a vida comunitária e as tradições culturais desempenhavam papéis cruciais na maneira como essas necessidades eram atendidas. Com a revolução agrícola, a sedentarização e a formação de aldeias e cidades, surgiram novas necessidades e formas de satisfação. A agricultura permitiu a produção de excedentes, levando ao desenvolvimento de estruturas sociais mais complexas e à diferenciação de classes. Nesse contexto, as necessidades humanas começaram a se expandir para além da mera sobrevivência física, incluindo a necessidade de organização social, hierarquia e administração dos recursos.

A revolução industrial trouxe mudanças dramáticas na maneira como as necessidades humanas eram percebidas e satisfeitas. A urbanização acelerada e o desenvolvimento das indústrias transformaram as relações de trabalho e a vida cotidiana. Necessidades antes atendidas de forma comunitária e local passaram a ser mediadas pelo mercado e pelo Estado. O trabalho assalariado e a produção em massa criaram novas necessidades, como educação formal e saúde pública, enquanto a desigualdade e o desemprego estrutural se tornaram problemas sociais significativos.

No contexto do capitalismo tardio, o neoliberalismo intensificou a mercantilização das necessidades humanas. A globalização e os avanços tecnológicos remodelaram profundamente as relações de trabalho e consumo, criando uma cultura de consumo intensivo. A publicidade e os meios de comunicação desempenham papéis cruciais na formação dos desejos e comportamentos dos consumidores, promovendo a auto-otimização e a competição. Necessidades como lazer, saúde e educação foram cada vez mais incorporadas à lógica de mercado, transformando-se em produtos e serviços comercializáveis. O fenômeno das corridas de rua ilustra perfeitamente essa dinâmica. Vale reiterar que, originalmente, correr era uma atividade simples e acessível, vinculada à necessidade humana básica de lazer e saúde. No entanto, no capitalismo tardio, as corridas de rua foram mercantilizadas, transformando-se em grandes eventos comerciais.

Foi Marx quem analisou como, no capitalismo, as necessidades humanas são alienadas de sua essência natural e transformadas em mercadorias fetichizadas. O trabalho e os produtos do trabalho adquirem um caráter fetichista, no qual os objetos de consumo são investidos de um valor que transcende sua utilidade real. Isso cria uma percepção distorcida das necessidades, onde a satisfação pessoal é buscada através da aquisição de bens e serviços, muitas vezes à custa de relações sociais genuínas e do bem-estar coletivo. Este breve livro busca, de alguma forma, enfrentar o problema das necessidades humanas no capitalismo tardio, propondo a reapropriação das atividades humanas em sua essência. Práticas de vida mais sustentáveis, a valorização de atividades comunitárias e a busca por formas de trabalho e lazer que não estejam completamente subsumidas pela lógica de mercado são essenciais. Uma análise crítica das estruturas econômicas e sociais que moldam as necessidades humanas pode fornecer perspectivas para a transformação dessas estruturas, promovendo a conscientização sobre os mecanismos de alienação e reificação, e buscando alternativas que satisfaçam genuinamente as necessidades humanas.

No contexto do capitalismo neoliberal, as necessidades humanas são frequentemente distorcidas para servir aos interesses do capital. A liberdade é reconfigurada como a liberdade de consumir, enquanto necessidades autênticas, como tempo livre para atividades significativas e relações sociais genuínas, são suprimidas ou mercantilizadas.

O modo de vida voltado ao consumo nos coloca em condições constrangedoras, pois a corrida, enquanto prática corporal, é intrinsecamente ligada à liberdade humana de ir e vir. Como mercadoria, os corpos em corridas de rua parecem objetificados, como uma manada percorrendo de uma baia à outra, sob o controle mercantil que define o tempo e o destino dos indivíduos.

Portanto, é importante tratar as corridas de rua como uma prática corporal que, hoje, é ainda mais necessária do que nos tempos primitivos, quando os primeiros seres humanos corriam instintivamente para escapar de perigos iminentes ou caçar. Hoje, essa prática, enriquecida pela história e pela ciência, deve se estabelecer como uma cultura de sobrevivência diante do cotidiano imediatista e dos riscos decorrentes das contradições do capitalismo, onde a superprodução pode ameaçar os lucros dos mais ricos.

Em uma sociedade dominada pelo modo de produção capitalista, as necessidades humanas são satisfeitas por meio de uma "enorme coleção de mercadorias". Nesse "mundo das maravilhas", as corridas de rua são influenciadas por necessidades de consumo, necessidades sociais atomizadas e necessidades humanas básicas, que são moldadas pela capacidade financeira de pagar por elas. Essa é a realidade de correr nos dias de hoje.

3.

O MUNDO SOBRE O QUAL SE CORRE

O mundo em que pisamos não é um terreno virgem, desprovido da ação humana, como uma natureza intocada. Foi com o caminhar que iniciamos a arquitetura da paisagem (Careri, 2013), ao demarcar e circunscrever trilhas e caminhos, constituídos desde os modos de sobrevivência nômades e do sedentarismo até os nossos dias.

Ao darmos nossos passos hoje, percorremos trajetos traçados pela humanidade ao longo de toda a sua história. E o cenário atual desses percursos tem sido marcado por uma forma de organização social da vida em que o movimento humano parece ser cada vez mais privado, um bem comum subtraído e limitado aos acessos de quem pode consumi-lo.

Nas caminhadas matinais ou corridas noturnas, o indivíduo pisa em um mundo cada vez mais dominado pela propriedade alheia. Os ricos e bilionários, com a ajuda dos agentes do Estado, monopolizam as ruas das cidades, as praias e as estradas nos campos. É difícil encontrar um pedaço de chão que não esteja delimitado pela expectativa de lucro de grandes empresas.

Parques, avenidas, ruas, lagos, praças e outros espaços públicos estão sendo privatizados ou ocupados pelas mercadorias e interesses institucionais do capital. Os eventos esportivos têm se revelado como uma invasão do privado sobre o público. O exemplo dos megaeventos esportivos nas cidades ilustra claramente como os fundos públicos são utilizados para moldar as cidades de acordo com esses interesses, revertendo os impostos dos cidadãos contra seus interesses primários, como saúde, educação, moradia, mobilidade, segurança, qualidade no emprego e no lazer.

Neste capítulo, exploraremos o mundo no qual corremos, constituído por esse giro econômico e político dado pelo capitalismo, em especial, o impacto da insistência na opção econômica e política de nos organizarmos sob o ideal neoliberal. Já podemos revelar que estamos inseridos em uma condição de crise estrutural que a humanidade enfrenta em seu metabolismo social. O filósofo István Mészáros (2009) denominou essa dinâmica exploratória da vida, em todas as suas esferas, de "metabolismo social do capital"[18].

É nesse contexto que se pretende demonstrar sobre qual terreno pisamos atualmente e por que corremos como corpos objetificados em meio à cultura de consumo. Estamos perdendo autonomia ao sermos influenciados pelas tendências de mercado e pela publicidade, desconectados da natureza e da comunidade, e pressionados a adotar determinados estilos de vida. Trata-se de corpos presos à mercadoria, não mais dedicados a produzir a vida com autenticidade.

Durante os anos de 1970, o capitalismo adquiriu características marcantes que definiram as relações sociais e econômicas que observamos hoje. Devido às crises mais intensas do capital após a Era de Ouro, os países ricos precisaram encontrar soluções para a diminuição da taxa de lucro enfrentada por suas principais corporações. O mundo tornou-se uma grande rede interconectada: produtos fabricados na China chegam às prateleiras brasileiras, enquanto multinacionais americanas estabelecem filiais na África. Esse cenário é possível graças à chamada "globalização", que promove uma profunda interligação econômica global capitalista, impulsionada por avanços tecnológicos que mudam a forma como trabalhamos e consumimos.

---

[18] O conceito de **metabolismo social do capital** refere-se à inter-relação orgânica entre capital, trabalho assalariado e Estado dentro do sistema capitalista. Mészáros argumenta que essas dimensões são interdependentes e formam um sistema abrangente que perpetua a exploração e a acumulação de capital. Para superar o sistema do capital, é necessário transformar radicalmente todas essas dimensões. Além disso, Mészáros discute a **crise estrutural do capital**, que ele define como uma crise profunda e sistêmica que não pode ser resolvida por meio de ajustes superficiais ou políticas econômicas tradicionais. Ele argumenta que essa crise é resultado das contradições inerentes ao sistema capitalista, como a "produção destrutiva" e a "incontrolabilidade ontológica do capital".

AJUSTANDO O RITMO: O IMPACTO DAS CORRIDAS DE RUA EM NOSSAS VIDAS

Nesse contexto, o setor financeiro emergiu como um gigante, com bancos e mercados de ações exercendo uma influência crescente sobre a economia. É comum ver que casas ou carros estão frequentemente atrelados a algum tipo de financiamento, refletindo a crescente financeirização da economia. Paralelamente, as tecnologias digitais revolucionaram as vidas, desde a comunicação pessoal até as dinâmicas de trabalho, gerando novos empregos e extinguindo outros em ritmo acelerado.

Um arranjo político-econômico consolidou-se como justificativa para superar a crise do capital em todo o mundo. Uma reestruturação do trabalho impôs novas relações. As antigas garantias de emprego estável deram lugar a uma nova realidade mais flexível, porém mais precária e desregulamentada. Pessoas agora trabalham em condições intermitentes e cada vez mais informais, como *freelancers* ou motoristas de aplicativos, exemplificando essa nova economia de "bicos" em plataformas digitais que oferece uma ideia frágil de liberdade e incerteza na mesma medida. Na verdade, isso representa uma intensificação da exploração sobre a classe trabalhadora, agravada pelo desemprego estrutural.

Além disso, o consumo tornou-se um pilar central da identidade e do status social. Essa transformação revela a influência da lógica de mercado sobre práticas pessoais, nas quais, por exemplo, correr se torna uma maneira de preencher o vazio deixado pela vida acelerada. Correr passa a ser um "consumo de experiência", uma busca por identidade e pertencimento em um mundo das "maravilhas", onde o "consumo de prestígio" se torna um comportamento padrão, imposto pela reificação das relações com a mercadoria.

Acompanhamos Nunes (2023) quando discute, após Lukács, que o "consumo de prestígio" pode ser visto como uma manifestação da reificação da cultura, onde produtos e experiências culturais são buscados pelo prestígio e *status* social que conferem, e não pelo seu valor intrínseco. Isso transforma a cultura em mercadoria, afastando-a de valores autênticos que poderiam integrar o indivíduo ao gênero. Para que esse processo ocorra sem resistência, há uma manipulação das consciências, controlando cada aspecto da vida e incentivando a busca por bens e experiências que diferenciem os indivíduos. Esse modo de produção perpetua-se, eliminando a busca pela universalidade e promovendo um individualismo que impede a construção de uma verdadeira individualidade social. Assim, a busca por diferenciação se baseia na posse de bens e experiências, resultando em vidas inautênticas sustentadas pela manipulação. As relações humanas tornam-se superficiais e "casuais", e o "consumo de prestígio" oferece uma falsa sensação de superioridade, rebaixando ainda mais a individualidade e causando um efeito de autoalienação (*Ibid.*).

Somos incentivados a consumir constantemente, seja em tecnologia, moda ou experiências, o que alimenta a economia, mas também cria uma pressão constante para sempre ter mais. Esse crescimento, no entanto, vem acompanhado de uma disparidade crescente: a riqueza se concentra cada vez mais nas mãos de poucos, exacerbando a desigualdade dentro e entre os países.

Essas características do capitalismo tardio tornam mais explícitas as contradições inerentes ao sistema. Por exemplo, a globalização capitalista, embora tenha ampliado as oportunidades de mercado, frequentemente resulta na exploração de trabalhadores em países com regulamentações trabalhistas menos rigorosas, revelando um claro contraste entre a riqueza gerada e sua distribuição. A financeirização, por sua vez, tornou as economias mais vulneráveis a crises financeiras. A crise de 2008[19], por exemplo, onde a especulação desenfreada levou a uma recessão global, afetou principalmente os menos afortunados, e seus efeitos ainda hoje são sentidos em todo o mundo.

---

[19] A crise financeira de 2008, também conhecida como a Grande Recessão, foi uma crise econômica global que teve início no setor imobiliário dos Estados Unidos. Ela foi desencadeada pelo colapso do mercado de hipotecas subprime, que envolvia empréstimos de alto risco concedidos a mutuários com baixa capacidade de pagamento. A falência do banco de investimentos Lehman Brothers em setembro de 2008 marcou um ponto crítico da crise, levando a uma série de falências bancárias, resgates financeiros governamentais e quedas significativas nos mercados de ações globais. A crise resultou em uma profunda recessão econômica, perda massiva de empregos e queda do valor de ativos, com impactos negativos sentidos até hoje em várias economias ao redor do mundo.

Em síntese, essa forma de organização social e da produção da vida nos priva de satisfazer as necessidades fundamentais para a existência nessa fase histórica da humanidade. É uma alternativa político-econômica e social que os capitalistas divulgam como a única opção. Esse discurso foi defendido por uma das principais expoentes do neoliberalismo na década de 1980, a primeira-ministra inglesa Margaret Thatcher, ao afirmar que "não há alternativa" ao livre mercado, à privatização e à desregulamentação de todas as esferas da vida, aprofundando a fragmentação social.

É nesse contexto que a noção de sociedade atomizada ganha mais popularidade. Thatcher sugere que a sociedade é composta por indivíduos isolados, cada um agindo de acordo com seus próprios interesses. Não há laços sociais significativos, apenas indivíduos buscando seus interesses egoístas. Defende-se que a autonomia individual e a liberdade econômica podem levar à inovação e ao crescimento econômico, ignorando, porém, que não há desenvolvimento social sem a socialização, a linguagem e, consequentemente, o trabalho como fundamento do ser social. A solidariedade, a cooperação e a noção de bem comum são relegadas a segundo plano. Afinal, se não há sociedade, apenas indivíduos, por que se preocupar com o outro? Nesse cenário, talvez apenas a comunidade e o Estado sejam vistos como necessários em situações de catástrofes.

Essa condição de contradições sustenta o funcionamento do capitalismo neste estágio da história, permitindo relações sociais reificadas, ou seja, relações que se configuram como relações entre coisas. As interações sociais passam a se basear não apenas em mercadorias e dinheiro, mas também no fato de que, para sobreviver no capitalismo, o trabalho humano se transforma em mercadoria barata. Com a intensificação da exploração da força de trabalho e a concentração de riqueza, impulsionada pela financeirização da economia, as pessoas são descartadas como coisas. Nesse sentido, os humanos tornam-se indivíduos isolados, enquanto o sujeito social automático é o capital. O valor de um indivíduo é medido pelo que ele pode ser como mercadoria, como exemplificado no papel do trabalhador. Esse fenômeno se torna evidente na vida cotidiana, como apontou o filósofo húngaro György Lukács (2003).

O resultado desse capitalismo tardio é que tal estado de coisas permeia tanto o consciente quanto o inconsciente humano, disseminando a sensação de que o capitalismo é o único sistema político e econômico viável, tornando impossível imaginar uma alternativa. É como se estivéssemos fadados a viver essa realidade, sem vislumbre de um futuro diferente. Seu poder deriva, em parte, da capacidade de consumir e resumir toda a história anterior, transformando toda a cultura, seus objetos, experiências e processos em valor monetário, em mercadoria.

A sensação de viver entre um passado que não mais existe e um futuro que não é mais possível parece estar associada à naturalização do mundo social. Tudo o que vivemos é apresentado como eterno, sem história, como se estivéssemos em um tempo permanente no presente — um tempo oferecido pelas relações entre coisas, onde os indivíduos agem e se reproduzem sem ter consciência de que o fazem. Naturalizam-se as relações e os modos de ser determinados por essas formas de organizar e produzir a vida no capitalismo. O ato de correr, por exemplo, transforma-se em um fenômeno em que o indivíduo se submete às regras de um jogo regido pelas necessidades do sujeito automático, o capital. Neste mundo das "maravilhas", corre-se de muitas coisas e corre-se por tudo, em todos os lugares, principalmente porque não há tempo livre. É preciso conquistá-lo fora das exigências da acumulação do capital.

No contexto neoliberal, o horizonte é percebido como naturalmente imutável, dando a impressão de que nada mais é possível além de um mundo unificado sob a bandeira do capitalismo. Nesse mundo recém-formado, o indivíduo é incentivado a ser autossuficiente, empreendedor e competitivo. A busca pelo sucesso pessoal é valorizada, minimizando-se a dependência do Estado ou da comunidade. No entanto, essa perspectiva ignora as desigualdades estruturais, a interdependência social e a importância de políticas públicas que visam garantir o bem-estar coletivo.

Diante deste cenário, nosso problema agora se encontra na identificação e explicação das contradições que marcam as ruas e a cidade como espaço de uso público e apropriação privada. De início, apresentamos para análise como essas possíveis contradições se destacam no fenômeno da Corrida de Rua e no direito à cidade. Porque nas caminhadas matinais ou corridas noturnas, o indivíduo circula em um mundo cada vez mais dominado pela propriedade privada. Ricos e bilionários, com o apoio de agentes estatais, monopolizam ruas, praias e estradas. É cada vez mais difícil encontrar um espaço que não esteja cercado pela expectativa de lucro das grandes corporações.

Portanto, trata-se de relacionar aspectos estruturais econômicos, da política social e da gestão urbana a partir do mercado bilionário das corridas de rua. Isso nos aponta indícios de um modelo alinhado às premissas neoliberais, especialmente ao evidenciar um padrão de sociabilidade marcado pelas exigências morais do mercado, como a orientação para o individualismo e a competição generalizada. Tais particularidades podem ser observadas nas formas de governança da cidade, onde a noção de espaço público é cada vez mais restrita.

Neste cenário, nosso problema reside em como identificar e explicar as contradições que marcam, em especial, a cidade enquanto espaço de uso público e apropriação privada. Para análise, destacamos as possíveis contradições que emergem no fenômeno da Corrida de Rua e no direito à cidade.

Por isso, é necessário que nos situemos dentro de um recorte específico relacionado às políticas públicas, particularmente aos desafios impostos para a consolidação de direitos sociais. Esses direitos dialogam diretamente com as tensões entre o público e o privado, além dos interesses das diferentes frações de classe que os representam. Tais tensões encontram na gestão empresarial e no conceito de Estado mínimo um limite significativo, que é originado pela forma-valor consolidada na imediaticidade das relações sociais de produção, especialmente no que se refere aos fenômenos sociais esportivos e à cidade, como abordado em nosso estudo.

Entendemos que há uma demanda significativa para repensar a política de esportes como parte da conquista da cidade enquanto espaço público, diante das diversas orientações de serviços e usos privados desses locais. É evidente que há um afastamento, uma exclusão daqueles que vivem nas periferias em relação aos benefícios e oportunidades oferecidos pelos centros urbanos, como a concentração de serviços, eventos culturais e espaços qualificados de lazer. Isso indica que o direito à cidade tem se manifestado como um direito privado e pessoal, contrastando com o direito coletivo à participação com autonomia real e possibilidades de escolha.

Frente a essa contradição, há uma determinação esclarecida por Lefebvre (2001, p. 26), que afirma:

> Em redor desses centros se repartirão, em ordem dispersa, segundo normas e coações previstas, as periferias, a urbanização desurbanizada. Todas as condições se reúnem assim para que exista uma dominação perfeita, para uma exploração apurada das pessoas, ao mesmo tempo como produtores, como consumidores de produtos, como consumidores de espaço.

Não há como pautar o problema do fenômeno Corrida de Rua sem nos atermos à sua natureza pública, pois a rua é um espaço em que um direito fundamental se faz presente: o ir e vir, o transitar, viver a liberdade de expressão e de se fazer cultura e política. Contudo, pelo interesse da mercantilização do espaço, em constituí-lo como valor para consumo, suas características se desdobram em investimentos urbanos, por um lado, e, por outro, em abandono. A cidade e suas ruas, portanto, são lugares onde os diferentes interesses se encontram, um espaço de lutas e contradições que disputam projetos.

Convém lembrar que a sociedade brasileira possui uma lei federal n.º 10.257 de 2001, mais comumente chamada de Estatuto da Cidade, que foi criada para regulamentar os artigos 182 e 183 da Constituição Federal, os quais tratam da política de desenvolvimento urbano e da função social da propriedade. Trata-se de uma clara menção ao direito à cidade e às possibilidades de gestão democrática e participativa, bem como à noção de direito coletivo ao bem comum.

Os estudos de David Harvey nos permitem considerar que, no capitalismo, as cidades são sempre um antagonismo entre os interesses do mercado — que utiliza as mesmas pelo valor de troca, considerando a cidade como um instrumento de reprodução do capital — e a sociedade civil[20] — que vê a cidade como valor de uso, por uma perspectiva de ter um lugar agradável para satisfazer as necessidades primárias de convivência e sobrevivência.

Notadamente, para o mercado, a cidade é um instrumento de negócio, e o "agradável" é um acessório que se combina com algum tipo de empreendimento e mercancia (Harvey, 2005). Mas vale lembrar que Harvey nos alerta de que os estudos sobre urbanização são suscetíveis às mudanças sociais. Portanto, as sucessivas revoluções em tecnologias, relações espaciais, relações sociais, hábitos de consumo, estilos de vida, etc., estão atreladas à necessidade de estudos profundos sobre as raízes e a natureza dos processos urbanos. Nesse sentido, seguimos aqui em busca dos nexos possíveis para compreender as corridas de rua e as transformações da cidade pelas ações e interesses dos homens, além de compreender os homens pelo valor que atribuem às cidades.

Historicamente, é possível constatar que a transformação da cidade acompanha as necessidades humanas e, nesse sentido, a forma como o homem organiza a vida. Desde os primórdios do capitalismo comercial até os dias atuais, essa organização tem se caracterizado pela lógica utilitarista e pela estruturação de necessidades individuais marcadas pelo consumo. No caso dos eventos esportivos, o uso das ruas nos indica que, para além

---

[20] Sociedade Civil é uma categoria que precisa ser sempre delimitada, tendo em vista que carrega em si dubiedades, caso não a localizemos em seu entendimento dialético. Aqui assumimos as considerações de Gramsci em que o Estado é formado pela sociedade civil e a sociedade política. E que a sociedade civil possui disputas internas de classes na posição de uma hegemonia. Neste sentido, o valor de uso a ser usufruído nesse contexto é atribuído aos que compõem, especialmente, a classe trabalhadora precarizada e excluída pelo processo de urbanização capitalista.

de serem vias, caminhos, e lugares de expressão da cultura e da heterogeneidade do cotidiano, elas têm se configurado como um território temporário que se converte, por fetichismo, no cenário de um capitalismo tardio.

Para Lefebvre (2001, p. 104),

> Como texto social, esta cidade histórica não tem mais nada de uma sequência coerente de prescrições, de um emprego do tempo ligado a símbolos, a um estilo. Esse texto se afasta. Assume ares de um documento, de uma exposição, de um museu. A cidade historicamente formada não vive mais, não é mais apreendida praticamente. Não é mais do que um objeto de consumo cultural para os turistas e para o estetismo, ávidos de espetáculos e do pitoresco.

Para o professor Carlos Vainer (2000), pode-se afirmar que, ao ser transformada em uma "coisa" a ser vendida e comprada, como propagado pelo discurso do planejamento estratégico, a cidade não é apenas uma mercadoria, mas, sobretudo, uma mercadoria de luxo, destinada a uma elite de potenciais compradores: capital internacional, visitantes e usuários solváveis.

Ao observarmos os Jogos Olímpicos de 2016 e a Copa do Mundo de 2018, ambos realizados no Brasil, constatamos como o esporte tem sido utilizado no empresariamento da cidade, na construção de um ambiente urbano amigável aos negócios e ao mercado. Nesse contexto, a cidade deixa de ser um objeto passivo e passa a atuar como sujeito: adquire uma identidade e se transforma em uma empresa (*Ibid.*). Sob essa lógica, as cidades competem entre si para atrair investimentos e tecnologia. Vainer destaca, nesse processo, a incorporação de uma nova atitude — o planejamento estratégico, típico das corporações — que sai do âmbito privado e sistematiza as ações do setor público, especialmente no território urbano.

Esse privado, no entanto, não se dá em termos gerais, por indivíduos ou grupos dentro de uma esfera social, mas por meio de uma ideia particular ou do íntimo, que guia a apropriação e o uso da cidade.

> [...] *privado* aqui é, claramente, o interesse privado dos capitalistas, e neste sentido, comparecendo no mesmo campo semântico da expressão *inciativa privada, privatização* e outras que evocam ou remetem ao capital, capitalistas, empresários capitalistas (*Ibid.*, p. 88) (grifos do próprio autor).

Portanto, trata-se de impor uma natureza mercantil e empresarial que estabelece o poder de uma nova lógica, "com a qual se pretende legitimar a apropriação direta dos instrumentos de poder público por grupos empresariais privados" (*Ibid.*, p. 89).

É nesse sentido que buscamos apresentar as contradições da apropriação do público pelo privado, especialmente no que diz respeito à cidade e sua função fundamental para o ser humano: suas possibilidades de organização social, como equipamento de consumo coletivo, como espaço de produção cultural e reprodução da vida, e como lugar onde se pode desenvolver a liberdade de ser o que se quer ser, e ir onde se deseja ir. Contudo, com a mercantilização da cidade, o sentido de público se reduz, e o sentimento de pertencimento e de humanização é ameaçado pelo valor, em sua noção de mais-valia. Nesse contexto, Carrera (2013) recorda as críticas de Constant Nieuwenhuis em sua obra Nova Babilônia, ao afirmar que a cidade moderna está morta, vítima da utilidade.

Dessa forma, as reflexões apresentadas aqui exigem que localizemos a Corrida de Rua dentro desse contexto. Assim, é imprescindível abordar o que é público em um sentido concreto de disputa na cidade. Essa discussão é fundamental, pois a apropriação privada tem sido a regra, orientada pelo planejamento estratégico voltado para os lucros, em detrimento das políticas de esporte e do usufruto dos territórios de convivência e sobrevivência no espaço urbano.

Ademais, adotamos a concepção de público, também, no âmbito das políticas, como aquelas ações capazes de considerar o público como de todos e não

> [...] porque seja estatal (do Estado) ou coletiva (de grupos particulares da sociedade) e muito menos individual. O caráter público desta política não é dado apenas pela sua vinculação com o Estado e nem pelo tamanho do agregado social que lhe demanda atenção (Rua), mas pelo fato de significar um conjunto de decisões e ações que resulta ao mesmo tempo de ingerências do Estado e da sociedade [...] (Pereira, 2008, p. 95)

Ao reconhecer que o público é para todos, é necessário perceber que ele está em disputa e revela interesses armados por toda uma racionalidade própria do Estado moderno e financeirizado, que tem definido as relações e a cidade em sua forma empresariada.

Vainer denuncia o fenômeno do "empresariamento da cidade," no qual os centros urbanos se tornam "amigáveis ao mercado" e se ajustam às demandas do capital internacional. A lógica dos negócios infiltra-se em todas as esferas da gestão urbana, e a cidade passa de mero objeto passivo de uso a sujeito ativo, operando como uma empresa que busca maximizar lucros e atrair investimentos.

Esse fenômeno não se limita a megaeventos como as Olimpíadas e a Copa do Mundo. No caso das Corridas de Rua, temos uma microversão desse mesmo processo. Esses eventos esportivos, muitas vezes promovidos por grandes patrocinadores e organizadores comerciais, exemplificam a apropriação privada do espaço público. O fechamento de longas vias por horas, o uso do aparato público para segurança, a limpeza e ordem urbana, bem como a transformação de práticas corporais ao ar livre – que são consideradas bens comuns - em produtos vendáveis, são manifestações da mercantilização do espaço urbano por meio dos recursos públicos disponíveis. Assim, a corrida de rua, que poderia ser uma expressão do direito à cidade e da convivência democrática no espaço público, é absorvida pelas engrenagens do capital, convertendo-se em uma oportunidade de negócio e uma plataforma de marketing.

Diante das considerações sobre a mercantilização das Corridas de Rua e a lógica da gestão urbana pelo empresariamento

— exemplificada pelo controle das ruas por empresas por meio de diversos eventos, incluindo as Corridas de Rua — nos colocamos a questão que busca compreender os limites e as possibilidades da relação público-privado na atual configuração do Estado como uma forma derivada do capital. Para entender a Corrida de Rua nesse contexto, algumas questões se fazem necessárias, pois, em sua institucionalização como esporte, ela suplantou uma gênese que contribui para a compreensão do desenvolvimento do mundo social.

Para abordar essa questão, recorremos, inicialmente, a Bracht (2005), que apresenta os nexos possíveis entre o Estado e o esporte. Ele destaca que as necessidades de melhoria das condições de saúde da população, a manutenção da ordem pública e o reconhecimento internacional são funcionalidades que convergem para as atuações repressora e de integração postuladas pela natureza do Estado. Segundo Bracht, "no Brasil, essa relação pode ser caracterizada, até o advento da Nova República, como corporativa; ou seja, a forma de organização e o tipo de interação com o Estado eram rigidamente determinados por ele" (Bracht, 2005, p. 85).

Países com certo poder de influência internacional utilizaram o esporte como ferramenta para demarcar e representar sua identidade nacional, especialmente durante a Guerra Fria. Esses países serviram de referência para a criação de sistemas esportivos modelos, dando origem à sugestão piramidal para a formação de heróis nacionais, uma ideia que ainda perdura nos discursos e políticas esportivas contemporâneas.

Entretanto, por se tratar de um espaço de disputa ideológica, intensificam-se as lutas para tratar o esporte como cultura e lazer, buscando explorar as possibilidades de desenvolvimento humano que vão além do contexto competitivo institucional de alto rendimento. Essa abordagem enfatiza não apenas o consumo da cultura, mas também o reconhecimento do potencial do esporte como um meio de enfrentamento ideológico das classes sociais.

Bracht nos mostra como o fenômeno esportivo evolui até chegar ao nível da comercialização e mercantilização, tanto na forma de espetacularização quanto no consumo pela maioria da população. Nesse processo, a estrutura esportiva se transforma, perdendo seu caráter de clubes e associações, e se terceirizando por meio da oferta de serviços esportivos diversos. Assim, o sentido de esporte comunitário se dissipa, e a experiência esportiva é reduzida à individualização da compra, com uma ampla variedade de modalidades esportivas disponíveis.

Nesse contexto de mercantilização do esporte, a relação com o Estado se complexifica, refletindo o domínio do esporte institucionalizado e autônomo. O esporte já não conta claramente com o suporte existencial que antes recebia do Estado, que atuava como provedor de estruturas de defesa (função repressiva) e apaziguamento das relações sociais (função integradora), mesmo que de forma ideológica.

Agora, surge uma nova perspectiva para compreender essa relação. A esfera estatal atual não se resume apenas à submissão ao mercado, mas é caracterizada por uma funcionalidade ontológica, na qual a própria existência do Estado se torna necessária para garantir o desenvolvimento do capitalismo.

Neste sentido, Mascaro pontua que

> A forma política estatal somente existe e se afirma plenamente com o capitalismo, da mesma maneira que a forma-valor, embora encontre circuitos de trocas de mercadoria por todo o passado, só adquirirá seus fundamentos causais e seus contornos definitivos no modo de produção capitalista (Mascaro, 2013, p. 30).

Portanto, a forma política estatal e o fenômeno esportivo não se encontram em uma hierarquia, mas parecem se submeter a uma mesma lógica: a mercadoria. As organizações esportivas, os atletas, os valores defendidos dentro de uma tradição e a ética que ainda permeia a atmosfera esportiva são eclipsados pela imposição e intensificação do valor de troca. Nesse cenário, marcas, mídia, imagem, empresários, mercado financeiro e especulação dominam a referência esportiva, tornando-se parte integrante desse fenômeno.

Assim como ocorre com o Estado, a política e o direito também são esgotados em suas formas tradicionais pela existência e submissão ao mercado. Isso intensifica o sentido de uma funcionalidade marcada pela proteção, integração e garantia das condições gerais de produção. Nos dias de hoje, as referências a políticas sociais e a direitos sociais e fundamentais se submetem aos modelos e princípios da esfera privada. A possibilidade de reivindicação de direitos é suspensa, pois, no campo da política social, a usurpação do público é inerente ao que está estabelecido, seguindo a lógica da troca inconsequente. É através da essência das relações de troca que se consolida o esporte e o Estado.

Nesse contexto, emergem discussões sobre um Estado pós--democrático, no qual o poder político se une ao poder econômico para assegurar a concretização do projeto neoliberal a qualquer custo. Assim, as ruas, as pessoas, a subjetividade e o esporte tornam-se produtos de um valor de troca expansivo, marcado pelo autoritarismo em nova forma. Nesse sentido, as funções sociais do Estado — repressão/controle e integração — se confundem com a criação das condições gerais de produção, assumindo uma natureza essencialmente econômica e financeira.

As consequências, no recorte de nosso objeto, se manifestam em uma análise das políticas de esporte fundamentadas nessa lógica, que aprofundam as contradições e revelam os interesses de classe, além das marcas da exclusão e do impedimento do acesso à cultura corporal e à cidade para as classes mais necessitadas, como os pobres, desempregados e trabalhadores assalariados.

Por ora, observamos uma relação conflituosa entre o mercado e a esfera pública, que impõe uma forma de organização da vida social mediada pelo consumo, pelo domínio dos espaços públicos e pela submissão da gestão pública aos interesses empresariais. Isso coloca em risco a saúde, a mobilidade e a paisagem urbana, configurando uma realidade que se explica pela fase contemporânea do capitalismo tardio.

É a partir desse entendimento que chegamos às nossas conclusões sobre qual mundo estamos correndo e identificamos a posição inerente das práticas corporais, como as corridas, e suas dimensões espaciais (território) nas ruas, que funcionam como formas sociais inseridas em uma superestrutura moldada pela forma-valor. No entanto, ao explicitarmos que essa realidade não é eterna, é importante reconhecer que as necessidades socialmente elaboradas e vividas na cidade, que apresentam razões opostas e complementares — como a organização do trabalho e o jogo —, assim como as necessidades específicas de criação de simbolismos, imaginários e atividades lúdicas, têm o potencial de abrir horizontes para a superação desses espaços dominados pelo valor de troca, pelo comércio e pelo lucro.

Essas reflexões são inspiradas em Lefebvre, que considera dialeticamente: "Mesmo para aqueles que procuram compreendê-la calorosamente, a cidade está morta. No entanto, 'o urbano' persiste, no estado de atualidade dispersa e alienada, de embrião, de virtualidade" (Lefebvre, 2001, p. 104-105).

Nesse sentido, refletir sobre o fenômeno das corridas de rua exige considerar que sua institucionalização e sua manifestação espetacular, voltadas para o consumo privado, podem ser vislumbradas sob uma perspectiva diferente — uma que não se limite à cidade histórica, modificada pelos interesses de quem não habita esse mundo e não vive sua cotidianidade (enquanto a aristocracia burguesa se desloca de palácio em palácio, comandando um país de dentro de iates ou aeronaves). Em vez disso, essa perspectiva deve ser conquistada "sobre novas bases, numa outra escala, em outras condições, numa outra sociedade" (*Ibid.*, p. 105) por aqueles que efetivamente produzem a riqueza ao pisar concretamente nesse mundo coletivamente: os trabalhadores.

4.

O SER CORREDOR

O esforço para explicar como se apresenta o mundo sobre o qual corremos encontra algumas críticas importantes levantadas por pesquisadores a respeito de como existimos em uma sociedade pautada no capitalismo. Ao afirmar que caminhar ou correr são práticas sociais advindas de diversas intencionalidades, é crucial demonstrar minimamente como essas intencionalidades ocorrem através de uma subjetividade que se desenvolve dialeticamente a partir de objetividades historicamente estabelecidas.

A subjetividade refere-se ao sujeito, ou mais precisamente, ao ser humano. Em termos filosóficos, essa noção de sujeito tem sido compreendida e definida à medida que o ser humano desenvolve sua racionalidade e toma consciência de sua existência, da presença do outro e da realidade (objetividade) que o circunscreve ou lhe corresponde. Essa conquista do sujeito torna-se mais evidente à medida que o ser humano passa a dominar a natureza com maior clareza. Na modernidade, suas experiências tornam-se cada vez mais individualizadas, à medida que o senso de comunidade é minimizado em prol das conquistas privadas.

Para nossa análise sobre o fenômeno das corridas de rua na atualidade, recorremos a uma noção de subjetividade que não seja decorrente de algo inato, reclusa em si mesma no interior da consciência, psicologizada, ou, por outro lado, um mero reflexo da realidade ou produto das condições objetivas, uma mera determinação. Defendemos que as condições objetivas também são alteradas pelos sujeitos. O ser humano se transforma e, ao mesmo tempo, altera as circunstâncias. Há uma reciprocidade nessa constituição entre subjetividade e objetividade (realidade).

A subjetividade se relaciona com a objetividade a partir da mediação entre o ser humano e a natureza, por meio do trabalho. Ela se constitui a partir de uma base material. A subjetividade não é algo dado naturalmente; é formada social e historicamente. Portanto, não se configura como algo independente (autônomo), abstrato, constituído por si mesmo; ela necessita de uma base material para se realizar e se objetivar. Não há subjetividade sem objetividade.

Foi Marx quem desenvolveu a ideia de que o ser humano é sujeito da história e que ele próprio constrói a história, mas não sob seu bel-prazer. Essa história é produzida sob diversas circunstâncias, refletindo bem a relação do ser humano na produção dos objetos. Pelo processo de trabalho, é possível compreender como se desenvolve a consciência e como o objeto produzido se exterioriza. Ou seja, quando o ser humano planeja a criação de um objeto, ele precisa ter um conhecimento mínimo das propriedades que formarão o objeto, para que este tome a forma ideal; no entanto, não é possível ter o controle de todos os nexos causais desse processo.

Nesse sentido, o objeto pensado nunca é idêntico ao resultado obtido; não há uma identificação direta entre sujeito e objeto. Este último sempre se projetará por causalidades próprias, o que permite que seja utilizado para outras finalidades e que outros sujeitos possam apreendê-lo. Assim, o sujeito criador sempre se enriquecerá e se modificará diante da objetividade posta. Em resumo, a realidade é transformada pela subjetividade, que, por sua vez, é dialeticamente modificada em sua interação com a objetividade por meio do trabalho. Em conclusão, o trabalho é uma atividade essencialmente de liberdade, uma atividade dessa consciência que não é natural, mas que se constitui como uma ação criativa do novo.

Isso levou ao que pode ser descrito como um "distanciamento das barreiras naturais". Nesse contexto, os humanos não apenas modificaram o ambiente para satisfazer necessidades básicas, mas também começaram a moldar o mundo de maneira a refletir estruturas sociais, políticas e econômicas mais complexas.

Esse processo é exemplificado pelo desenvolvimento de cidades, infraestruturas, indústrias e tecnologias que vão além da mera subsistência, abrangendo a criação de uma cultura material e imaterial que expressa a identidade e os valores da sociedade. A capacidade humana de planejar, imaginar e realizar trabalhos que transformam o ambiente evidencia uma qualidade única: a de transcender os limites imediatos impostos pela natureza. Enquanto os animais se adaptam ao seu ambiente, os humanos adaptam o ambiente a si mesmos, testemunhando o desenvolvimento do "ser social". Isso significa que a humanidade não apenas responde passivamente às condições naturais; ela as altera ativamente para criar condições que refletem suas necessidades e desejos em constante evolução.

Essa concepção do trabalho, identificada por György Lukács (2013) nas obras de Marx, revela-o não apenas como uma atividade econômica, mas como uma prática social fundamental para o desenvolvimento da humanidade e para a afirmação do indivíduo enquanto ser singular e membro do gênero humano, definido historicamente e socialmente. Isso distingue o ser humano de qualquer outro animal. Ou seja, no ser humano, a subjetividade está sempre em desenvolvimento. Isso significa que a identidade da pessoa é formada não apenas por suas características únicas, mas também pelas relações que esse indivíduo estabelece com outros seres humanos e com a sociedade em geral.

Em síntese, como afirma Giovanni Alves (2006, p. 23):

> É possível dizer que a 'subjetividade' é o complexo de relações sociais do homem com outros homens (na instância da produção, circulação e consumo) e do homem consigo mesmo (na instância íntima de seu pré-consciente, consciente ou inconsciente). Por isso, um tratamento dialético e crítico da subjetividade pressupõe apreendê-la no interior de uma totalidade concreta histórico-social. Aliás, ela é parte constitutiva e constituinte desta totalidade social.

Portanto, o ser humano cria seu próprio mundo através de sua liberdade criativa, por meio do trabalho como uma atividade geral e positiva. Ao colocar o objeto no mundo, ele o subordina à sua vontade, realizando-se por meio da liberdade humana. Ou seja, a liberdade humana não se subordina ao objeto, mas o contrário.

É importante dizer que o ser humano não só desenvolve sua subjetividade através do trabalho, mas também enriquece sua sensibilidade por meio dessa subjetividade em desenvolvimento. Ao voltar-se para seus sentidos, a corporalidade humana não se manifesta instintivamente ou de forma imediata ao estímulo provocado, mas sente também por meio de uma sensibilidade aguçada pela experiência histórica e social proporcionada pela subjetividade. A subjetividade está presente na sensibilidade humana, pois esta não é apenas sensível, mas dotada de um "espírito" que potencializa o sentir.

Marx (2015), em seus *Manuscritos*, sugere que os sentidos, como o olhar, tornam-se verdadeiramente humanos quando se relacionam com um mundo humanizado, um mundo que é produto da atividade e das relações sociais humanas. "O olho tornou-se olho **humano**, tal como o seu **objeto** se tornou um objeto social, **humano**, proveniente do homem para o homem. Por isso, os **sentidos** tornam-se **sentidos humanos** apenas por meio de sua objetivação humana" (Marx, 2015, p. 350). Ele também exemplifica que a formação dos cinco sentidos é o resultado de toda a história do mundo até hoje. O sentido preso à necessidade prática rude tem apenas um sentido restrito, continua Marx (*Ibid.*, p. 352):

> Para o homem esfomeado não existe a forma humana da comida, mas apenas sua existência abstrata como comida; ela também poderia estar aí na forma mais rude – e não se poderia dizer em que essa atividade de nutrição se distingue da atividade de nutrição *animal.*

Chegamos até aqui com essas reflexões para compreender que a atividade humana, mesmo quando individual, é inerentemente social. Segundo Marx (*Ibid.*), qualquer produção humana deve ser vista como um ato social, refletindo a interdependência entre o indivíduo e a sociedade.

Isso significa que, mesmo ao realizar atividades aparentemente individuais, como o trabalho científico, o indivíduo está, na verdade, participando de um processo coletivo. O conhecimento científico, por exemplo, é desenvolvido com base em descobertas e conceitos previamente elaborados por outros membros da sociedade, mostrando como o trabalho de um cientista é um produto da contribuição contínua da humanidade, e também um produto histórico.

Esse fenômeno pode ser observado na prática das corridas de rua, onde cada corredor participa de uma atividade com raízes e significados profundamente sociais e históricos. As corridas de rua, como já vimos, partiram de uma necessidade de sobrevivência, evoluíram para formas de competição e recreação e, atualmente, tornaram-se eventos comunitários e globais, refletindo a experiência humana ao longo do tempo. Em tempos de comportamentos sedentários e relações com doenças crônicas degenerativas, essa prática corporal reencontra sua função social de sobrevivência, mas agora com a herança histórico-social do conhecimento humano. Dessa forma, a natureza e a experiência humana são integradas através da sociedade, onde o indivíduo é simultaneamente um ser único e uma expressão da vida social coletiva.

Marx enfatiza que a verdadeira existência humana é uma existência social, e a consciência da espécie confirma essa realidade. Portanto, a sociedade não deve ser vista como uma abstração oposta ao indivíduo, mas como a verdadeira realização da união entre ser humano e natureza, onde o naturalismo e o humanismo se manifestam plenamente. A importância desse entendimento se dá na seguinte dimensão:

> O homem só não se perde no seu objeto se este se tornar para ele objeto *humano* ou homem objetivo. Isto só é possível na medida em que se lhe torna

objeto social, em que ele próprio se torna ser social, assim como a sociedade se torna ser para ele nesse objeto" (*Ibid.*, p. 351).

Essa anotação é fundamental para nossa análise, porque ao tratarmos do fenômeno das corridas de rua na contemporaneidade, precisamos compreender que o ato de correr pode estar menos carregado de vontade autêntica ou necessidades legítimas, sendo mais o resultado de um *ethos* ou um caráter moral, um espírito motivador de costumes e ideias atrelados ao modo como produzimos nossas vidas no capitalismo.

Portanto, embora a subjetividade seja formada e realizada através do trabalho como uma categoria ontológica, essa formação e realização são profundamente influenciadas pelas condições sócio-históricas em que o trabalho ocorre. No contexto da particularidade histórica do modo de produção capitalista, a subjetividade é estranhada e desefetivada, refletindo a alienação do trabalhador em relação ao produto de seu trabalho. A liberdade criativa do ser humano, expressa através do trabalho, é subordinada às exigências do capital, levando à distorção da relação entre a singularidade e o gênero humano.

Vejamos!

Entendendo o vazio existencial como um sintoma de uma sociedade fragmentada, enfrentamos uma crise de identidade e de propósito que ressoa ao longo da história. Essa sensação de desorientação nos leva a questionar a relação do ser humano com a natureza e o impacto do trabalho na construção da identidade social. O trabalho, em sua essência criativa, dá sentido à vida humana, permitindo expressão, contribuição social e realização pessoal. No entanto, a ruptura dessa conexão essencial entre o ser humano, a natureza e o trabalho obstruem o desenvolvimento humano. No capitalismo, as relações de produção entre trabalhadores e capitalistas geram um abismo que limita o florescimento da singularidade humana. Assim, o indivíduo se perde em práticas imediatistas, no efêmero e na gratificação instantânea, preso em um ciclo vicioso de posse e relações superficiais.

A vida atual, resultado desse estranhamento e desefetivação, culmina em estilos de vida onde a intimidade é comercializada e a privacidade erodida, distanciando ainda mais as pessoas, que se encontram sem propósito e desamparadas, prontas para buscar aceleradamente um lugar para ostentar premiações. Não apenas os conhecidos "biscoitos" nas redes sociais, mas as placas e medalhas resultantes dos projetos amadores nas maratonas, ultramaratonas, *Ironman*, entre outros, parecem tentativas de preencher um vazio existencial com símbolos tangíveis de sucesso.

Neste contexto capitalista, os indivíduos são frequentemente impedidos de alcançar todo o seu potencial como gênero humano. Empobrecidos em várias dimensões da vida, seus corpos humanos são reduzidos à insensibilidade, integrados a expressões inautênticas, ou moldados aos padrões comportamentais de movimento e consumo. Correr, por exemplo, torna-se uma ação repetitiva que remete à metáfora do hamster ansioso e agitado em sua roda, como um corpo em busca incessante por sobrevivência e consumo. Esse empobrecimento afeta o gênero humano, limitando sua capacidade de se manifestar plenamente e de desenvolver a riqueza da experiência humana. Em uma sociedade que reduz as possibilidades de expressão e desenvolvimento, os seres humanos recuam do patrimônio coletivo da espécie, ou seja, das conquistas culturais, intelectuais e sociais acumuladas ao longo da história.

Somos seres objetivos, capazes de criar e transformar o mundo ao nosso redor, e nossas consciências se objetivam através dessas atividades. No entanto, a capacidade de objetivar a consciência, ou seja, de transformar pensamentos e ideias em realidade, depende de quanto conseguimos nos enriquecer a partir do patrimônio do gênero humano. Em outras palavras, quanto mais absorvemos e nos apropriamos das realizações coletivas da humanidade, mais singular e enriquecida será a nossa expressão individual. Portanto, o desenvolvimento da singularidade individual está intrinsecamente ligado à nossa capacidade de nos apropriar e contribuir para a riqueza coletiva da espécie.

Essa perspectiva adiciona uma dimensão crítica à compreensão da subjetividade, destacando a maneira como as estruturas sociais e econômicas moldam nossa experiência subjetiva. Ela nos convida a questionar as condições sob as quais a subjetividade é formada e a buscar maneiras de reafirmar a subjetividade humana em face das forças desumanizadoras do capitalismo.

Giovanni Alves (2006) nos ajuda a compreender esse momento de subordinação da subjetividade ao capital. Para ele, a noção de subjetividade envolve a ideia de um "sujeito autônomo", mas isso é apenas uma ilusão criada pelo capitalismo. Embora o capitalismo tenha estabelecido as bases materiais para o desenvolvimento humano em sua plenitude, ele também impôs limitações a esse mesmo desenvolvimento.

A proposição de Marx sobre a *subsunção real do trabalho ao capital* exemplifica claramente como a subjetividade e o estranhamento são aspectos inseparáveis do capitalismo. À medida que essa subsunção se torna real, especialmente com o advento do capitalismo industrial, o sistema capitalista global se consolida. As restrições e limitações sistêmicas, que no início da modernidade burguesa eram apenas formais, passam a ter uma nova qualidade e profundidade. Na *subsunção formal*, o capitalista busca apenas estender a jornada de trabalho para extrair mais valor, sem alterar significativamente o processo produtivo ou a mentalidade dos trabalhadores. No entanto, na *subsunção real*, o capitalista não só transforma os métodos de produção com novas tecnologias e reorganização do trabalho, mas também se empenha em moldar a subjetividade dos trabalhadores. Isso inclui influenciar seus desejos, comportamentos e identidades para que se alinhem melhor aos objetivos do capital, promovendo valores como produtividade, eficiência, competitividade e dedicação.

Acompanhando a gênese e o desenvolvimento do fenômeno das corridas de rua, observamos como uma prática corporal, em condições sócio-históricas tão particulares como as do capitalismo tardio, se transforma em uma mercadoria espetacularizada, que inclui a subordinação da corporalidade humana à lógica desse produto. Promove-se a imagem do "corredor ideal", com necessidades subjetivas específicas voltadas para a performance, e equipando-o com uma gama de produtos comercializados como essenciais para o desempenho e o sucesso. Algo típico e tendencial desse tipo de sociedade aburguesada, ou melhor, estranhada.

O metabolismo social do capital, impulsionado pela produção de mercadorias, transformou a pessoa em um indivíduo abstrato, separando o *burguês* da sociedade civil do *cidadão*, um ser político e membro do Estado. Esse processo, como explica Leandro Konder, faz do homem burguês um ser alienado, incorporando os vícios ideológicos do privado e do rendimento.

Konder (1992), em seu livro *O Sofrimento do Homem Burguês*, explora como a produção capitalista causa alienação no trabalho, nas relações pessoais e na cultura, gerando uma desconexão desumanizadora. O autor destaca as contradições internas da burguesia, como a incessante busca por lucro e a necessidade de manter uma vida equilibrada e feliz, o que resulta em tensões e sofrimentos, enquanto o homem burguês se debate entre suas aspirações pessoais e as imposições do sistema. Além disso, Konder critica ideologias como o individualismo, o consumismo e a meritocracia, que perpetuam a alienação e o sofrimento, mantendo o homem burguês preso em um ciclo de superficialidade e insatisfação.

Para compreender essa subjetividade no contexto capitalista, recorreremos também aos trabalhos recentes de outros autores que têm ajudado a esclarecer um típico perfil que emerge no neoliberalismo. Este modelo molda não apenas as relações econômicas, mas também a subjetividade dos indivíduos, criando uma cultura dominada pela ideia de "Você S/A". Esses pensadores exploram como o neoliberalismo transforma os indivíduos em empreendedores de si mesmos, reforçando a noção de empresa como modelo ontológico para a subjetividade humana. Embora partamos de uma crítica histórico-dialética, é essencial apontar como esses autores destacam sintomas e aparências que expõem a profundidade da alienação e do estranhamento na sociedade contemporânea.

Recentemente, em seu livro *Realismo Capitalista*, Mark Fisher (2020) articula o conceito de "ontologia empresarial" como uma crítica incisiva ao modo como o capitalismo contemporâneo molda as percepções sociais sobre administração e eficiência. Este conceito sugere que, nas últimas décadas, os valores empresariais penetraram profundamente na gestão de todas as esferas da vida social — desde a saúde e a educação até os serviços públicos — tornando a lógica de mercado a norma incontestável para a organização social. A "ontologia empresarial" não é apenas uma prática, mas um princípio operativo que presume que as abordagens e técnicas de gestão empresarial são as mais eficazes e, portanto, as mais desejáveis para todos os setores.

No contexto do realismo capitalista, Mark Fisher descreve esse fenômeno como um ambiente onde é difícil imaginar alternativas ao capitalismo, não porque as pessoas ativamente endossem esses métodos, mas porque se tornou difícil conceber a sociedade organizada de outra forma. O *realismo capitalista*, então, é esse sentido pervasivo de que não apenas o capitalismo é o horizonte inescapável de nossa organização econômica e social, mas que seus métodos e exigências devem impregnar todas as áreas da vida.

Fisher argumenta que essa aceitação passiva contribui para um estado de resignação política, onde as reformas neoliberais, apesar de impopulares e percebidas como exaustivas e degradantes, são aceitas como inevitáveis. Sua crítica vai além da mera aceitação dessa situação: ele apela para uma politização dessa passividade, sugerindo que os problemas que enfrentamos, como crises de saúde mental e a erosão do serviço público, não são apenas problemas individuais, mas sim sintomas de um sistema econômico que nos falha coletivamente.

Ao descrever a "ontologia empresarial" dentro do *realismo capitalista*, Fisher enfatiza a importância de rejeitar a ideia de que os métodos empresariais são naturalmente superiores. Ele destaca que muitas das supostas eficiências do mercado são mitos que desvalorizam e desmoralizam os trabalhadores, sem resultar em melhorias reais nos serviços que eles devem fornecer. Além disso, Fisher sugere que essas práticas empresariais contribuem para uma sensação de impotência e aceitação fatalista do *status quo*, o que ele descreve como "solidariedade negativa" — a ideia de que "é ruim para todos, então você também deve se adaptar".

Ele critica profundamente a penetração da lógica de mercado em todos os aspectos da vida, argumentando que isso leva à despolitização dos cidadãos e à aceitação resignada de que as condições atuais são imutáveis. Fisher nos provoca a refletir criticamente sobre as formas de organização social que aceitamos como "normais" e a considerar ativamente alternativas mais emancipadoras.

Essa análise de Fisher nos incentiva a desafiar o fatalismo imposto pelo *realismo capitalista*, argumentando que transformações profundas são possíveis. Ele nos lembra que conceitos que hoje parecem imutáveis, como a privatização extensiva de serviços, foram um dia inimagináveis. Assim como mudanças ocorreram no passado, novas transformações também são possíveis no futuro.

Os autores Dardot e Laval (2016) exploram como a subjetividade humana passa a se orientar pela "nova razão do mundo" (neoliberalismo). Eles argumentam que a governamentalidade empresarial e a nova subjetividade gerada pela racionalidade neoliberal impõem uma lógica que define como os indivíduos devem ser guiados e empoderados para atingir seus objetivos. Essa racionalidade cria sujeitos competitivos, responsáveis por maximizar resultados e assumir riscos, transformando a empresa em um modelo de autogovernança.

Embora a ideologia empresarial prometa realização pessoal e prosperidade, na prática, acentua a sujeição dos trabalhadores, que se tornam mercadorias e enfrentam insegurança e precariedade no emprego. A gestão moderna utiliza técnicas para moldar indivíduos que suportem e perpetuem as condições impostas, criando uma subjetividade empreendedora.

Isso resulta em uma "jaula de aço" individual, onde cada pessoa deve ser autossuficiente e continuamente eficiente. A empresa se apresenta como um espaço de competição e inovação, exigindo dos indivíduos constante adaptação e autoaperfeiçoamento. A neoliberal Margaret Thatcher expressou essa racionalidade ao afirmar que a economia visa "mudar a alma".

As técnicas de gestão avaliam a adesão dos indivíduos às normas, impondo sanções caso não atendam às expectativas, reforçando a dependência e o comprometimento com a empresa. A racionalidade empresarial unifica as relações de poder em um discurso coerente, influenciando todos os aspectos da vida social e individual.

Para Dardot e Laval, a empresa se torna um modelo de ética e autoajuda, incorporando o ethos do *self-help* de Benjamin Franklin e Samuel Smiles, agora como um modo de governança política. Essa nova tecnologia neoliberal vincula diretamente a maneira como as pessoas são governadas à forma como se autogovernam, representando uma inovação na gestão e controle social.

Esses autores discutem a transformação da racionalidade neoliberal e como ela molda o indivíduo contemporâneo, não mais como um agente passivo, mas como um sujeito ativo que internaliza e opera segundo a lógica da competição e do desempenho. Este novo sujeito, o "empreendedor de si", é impelido a buscar o sucesso e a excelência em todas as esferas da vida, desde o profissional até o pessoal, incluindo a sexualidade e o lazer. A analogia com o esporte é central, pois o esporte se tornou um paradigma de ação, influenciando não apenas a linguagem, mas também a lógica subjacente às interações sociais e à auto-otimização.

Esse novo sujeito é impulsionado pelo desejo de sucesso e vitória, exemplificado pela figura do atleta, que se tornou um modelo de excelência e desempenho. A lógica do desempenho, que antes estava confinada ao esporte, agora permeia todos os aspectos da vida, incluindo o trabalho e a sexualidade, onde o desempenho é meticulosamente medido e comparado a padrões sociais. No esporte de rendimento, essa lógica se torna ainda mais evidente, pois os atletas frequentemente incorporam e ritualizam princípios do capitalismo, adotando a filosofia de vencer a qualquer custo. Nesse contexto, o sucesso não é apenas o objetivo, mas também o reflexo de uma ideologia que valoriza a competição extrema e a busca incessante pela superioridade. É crucial observar quando essa ideologia, originalmente confinada ao esporte de elite, começa a infiltrar-se na vida das pessoas comuns que assumem o esporte como estilo de vida. A adesão a esses princípios pode levar a uma internalização nociva da lógica de desempenho, afetando a forma como essas pessoas se veem e se relacionam com os outros.

A transformação para esse novo ideal não representa apenas uma mudança superficial, mas uma redefinição profunda do que significa ser bem-sucedido. O cuidado com o corpo, a busca por sensações extremas e a superação de limites são agora valorizados acima do equilíbrio e da moderação. Na sociedade neoliberal, há uma demanda constante para que cada indivíduo se supere, não apenas alcançando a conformidade, mas transcendendo a si mesmo para atender às necessidades dessa sociedade. Essa pressão incessante para produzir e desfrutar "sempre mais" está conectada a um desejo de excesso que se tornou sistêmico e insustentável.

Essa nova norma social é reforçada por discursos gerenciais e publicitários que promovem o desempenho como um dever e o prazer como um imperativo. O resultado é uma subjetivação marcada pelo excesso, onde o objetivo não é a estabilidade ou a posse de si mesmo, mas a constante superação de limites. O sujeito neoliberal, portanto, é um ser que está sempre correndo, em busca incessante de excitação, um "mais-de-gozar" que se torna tanto a condição quanto o produto de sua existência no contexto neoliberal.

Veja, leitor, que esclarecer de forma acessível o problema que enfrentamos não é tarefa fácil. No fundo, a questão é sempre o domínio sobre o trabalho humano e sua direção, ou seja, sobre a vida humana em si. Trata-se de identificar as condições de *ser alguém* no que fazemos, enquanto classe trabalhadora que todos somos — seja como médicos, advogados, professores, vendedores de picolé, garis, pequenos empresários ou servidores públicos. Todos nós, a despeito de nossas funções, estamos distinguidos dos que detêm o capital e se organizam para facilitar seu acúmulo. Os sujeitos, ou a nossa subjetividade, mesmo com as possibilidades de autonomia na criação e decisão sobre nossa vida, restringem-se à subsunção real do trabalho ao capital. Tornamo--nos sujeitos abstratos; tanto trabalhadores quanto capitalistas são indivíduos estranhados devido à relação de dependência que os constitui. Ambos têm uma subjetividade moldada por uma relação reificada, voltada para os interesses do capital. Esta é uma característica do *realismo capitalista* que se configurou até aqui. Enquanto essas relações persistirem, o sujeito permanecerá imerso no universo das mercadorias e dependente de atender às necessidades precárias e artificiais que lhe são impostas.

O leitor pode concluir que esta discussão não o posiciona como sujeito autônomo, capaz de reconhecer que, ao sair de casa para correr, ele pode fazer escolhas. Ele também pode compreender que as corridas de rua se caracterizam como eventos da indústria cultural, do comércio de produtos e acessórios, da indústria do turismo e dos interesses de empresas que valorizam suas marcas. Sem dúvida, é possível chegar a essa aparência do fenômeno e reconhecer que o corredor é consciente de seu impulso consumidor. No entanto, o que já desenvolvemos até aqui nos faz compreender que a adesão a esse modo de vida e a essas escolhas não se caracterizam como algo natural, mas como resultado da participação dos indivíduos no capitalismo, que o reproduzem sem consciência plena, por um automatismo confundido com a natureza. Nesse sentido, como consumidores, todos nós acabamos tendo a "alma consumida". Naturalizamos a vida em um modo de produzi-la sob um sistema historicamente definido e contingente, que teve uma origem e que pode, sim, chegar ao fim e abrir espaço para outra forma de viver.

Ao experimentar uma prática corporal, como um conteúdo da cultura corporal, buscamos satisfazer uma necessidade que se origina socialmente. Lembremos da metáfora do náufrago Robinson Crusoé, que só consegue sobreviver solitário em uma ilha devido ao conhecimento e saberes acumulados pela humanidade, que operam em sua consciência de maneira singular. Da mesma forma, correr nos dias atuais pode ser uma maneira de satisfazer e assegurar nossa vida em diversas dimensões, desde a saúde até o lazer. No entanto, essa prática também pode se revelar como uma expressão alienada aos interesses da mercadoria, moldando o indivíduo em um ser atomizado, desiludido e vazio, em uma solidão coisificada. Assim, há um limite para fazer escolhas autênticas e para ser livre das contradições críticas deste mundo.

Na história, a ideia de um sujeito autônomo chegou a parecer uma possibilidade real. No entanto, a decisão da burguesia de oprimir os trabalhadores após a conquista sobre o mundo dos reis — uma vitória alcançada em colaboração com os próprios trabalhadores — revelou que o sujeito autônomo era, na verdade, uma ficção. Essa possibilidade foi negada aos trabalhadores e ao povo em geral, que não tiveram a oportunidade de participar plenamente das decisões e do controle sobre seu próprio mundo e modo de produzir a vida. Como Giovanni Alves (2006, p. 20) bem lembra, enquanto a burguesia e o capitalismo "criaram as bases materiais para o pleno desenvolvimento da individuação social, limitaram e obliteraram esse próprio desenvolvimento humano-genérico".

Este capítulo buscou compreender como o processo de alienação e reificação dos indivíduos na sociedade capitalista reflete o crescente distanciamento entre o ser humano e a natureza, bem como entre o ser humano e suas relações sociais. Essa singularidade, e o afastamento em relação ao gênero humano, faz com que o ser humano se desvincule da autenticidade da vida, identificando-se, em vez disso, com um mundo de coisas e artifícios "vivos". O sintoma desse fenômeno é o vazio existencial, preenchido por expressões culturais mediadas pelo capital.

Diante das consequências físicas e mentais decorrentes dessa forma de vida no capitalismo, o próximo capítulo se aprofundará na análise dos impactos específicos dessa lógica de exaustão e alienação sobre o bem-estar dos indivíduos. Exploraremos como o terreno criado por essa sociedade contribui para o aumento de problemas de saúde, destacando a relação entre a busca incessante por desempenho e os transtornos físicos e emocionais. A seguir, discutiremos os mecanismos pelos quais esse modelo de vida perpetua a precarização da saúde e as possíveis formas de reconhecer e mitigar esses efeitos nocivos por meio da prática das corridas de rua.

5.

AS DORES DO PERCURSO

Nos capítulos anteriores, fizemos um esforço para apresentar a corrida como uma prática social que se desenvolve conforme as necessidades humanas de reprodução social, ou seja, para que o ser humano sobreviva e viva nas melhores condições possíveis. Ao longo da história, a corrida assumiu diversas funções sociais, desde a caça e a comunicação até as formas de esporte e lazer atribuídas pelas sociedades. Lembramos, por exemplo, das necessidades específicas dos Tarahumaras, ancestrais do povo Rarámuri no México, cujas formas de sobrevivência, tradição e cosmovisão justificam os deslocamentos em longas distâncias[21]. Contudo, nas sociedades capitalistas, a corrida também se desenvolveu como um negócio lucrativo e não é apenas um "hobby" para suar e desestressar com uma cerveja. Ela se insere intimamente na corporalidade, semelhante a outras indústrias em crescimento.

Ao decidir investir em uma maratona e percorrer seus 42,195 km, o indivíduo não tem plena clareza do que vai encontrar na primeira vez. No entanto, é certo que seu objetivo inicial é completar a prova. Mesmo que sua preparação tenha sido minimamente adequada para esse percurso, ele enfrentará algum sofrimento. A ansiedade o impedirá de dormir na noite anterior, e as paisagens dos locais mais turísticos passarão despercebidas. Alguém já disse que a maratona, de fato, começa nos últimos 7 km. A maioria dos corredores concorda que, ao chegar aos 30 km, algo colocará à prova sua experiência nos treinos. Para os mais experientes, esse é o momento que lhes tira o sono na noite anterior. Neste capítulo, veremos como nos entregamos voluntariamente a esse estado

---

[21] ¿Por qué corren los tarahumaras? los secretos ancestrales del pueblo rarámuri. https://mxcity. mx/2022/04/porque-corren-los-raramuris-secretos-de-los-tarahumaras-correr-mejor/

de sofrimento. É quando concretamente perdemos as unhas dos pés e a noção do que estamos fazendo ao correr, que a maioria se questiona por que está ali e descobre, ao acordar no dia seguinte, que precisa da ajuda das paredes para andar.

Mas pretendemos ir além da aparência desse fenômeno. Como o leitor já sabe, este livro foi escrito para explicar a corrida como um fenômeno social em nossos tempos, ou seja, no contexto de uma sociedade organizada pelo modo de produção capitalista, especificamente no atual estágio da crise do metabolismo social ordenado pelo capital. Nesse cenário, absolutamente tudo se torna mercadoria, e nossas relações são reificadas, enquanto nossos desejos e necessidades são subjugados a ponto de nos incorporarmos à mercadoria.

O objetivo aqui é expor os sintomas desse estado de coisas e demonstrar como as corridas de rua são subsumidas aos interesses do capital, tornando-se uma expressão do indivíduo que representa essa realidade. Partimos da hipótese de que a corrida é uma tentativa de preencher um vazio existencial decorrente das restrições e constrangimentos sistêmicos impostos pela vida na lógica capitalista. O indivíduo que participa de uma corrida de rua está se integrando à mercadoria, indo além do simples consumo. Na verdade, não se trata apenas de consumir, mas de um estado de ser subjugado à realidade capitalista.

No entanto, para nos aprofundarmos nesse ponto, é importante lembrar o que já apontamos anteriormente sobre o que resta para a grande maioria da população mundial, especialmente em nosso país, no contexto da crise do metabolismo social no modo de produção atual, o capitalismo. Essa crise resulta em desigualdade econômica, precarização do trabalho, desemprego estrutural, crises climáticas, austeridade, monopólios, negação de direitos sociais, guerras, deslocamentos forçados, opressões de diferentes formas de existência, entre outras situações exploratórias e epidêmicas.

Trata-se, sem dúvida, de um livro sobre corridas de rua pouco convencional. Contudo, não é possível desvincular a cultura corporal da realidade material e social na qual os fenômenos se originam. Só assim é possível pressupor outra hipótese: ao correr hoje, talvez não saibamos exatamente por que corremos, mas simplesmente queremos correr até o fim. Além disso, as metas e objetivos estabelecidos para os eventos de corrida podem traduzir mais do que apenas o desejo de viver uma experiência de sacrifício, superação, hedonismo ou algum tipo de energia de multidão.

Para compreender melhor esse fenômeno, é necessário reconhecer o avanço da lógica neoliberal, que está incorporada em nosso cotidiano e, por extensão, no mundo da cultura, especificamente nas corridas de rua. Essa condição, orientada por uma realidade repleta de contradições, molda nossa corporalidade em função dos lucros dos capitalistas, afetando desde o ritmo de nossa respiração e a largura de nossos passos até a nossa percepção e nossos sentidos mais íntimos.

Nosso esforço é compreender como a busca incessante por superação e o estabelecimento de objetivos e metas passam a ser fundamentos da vida em sua totalidade, constituindo valores que moldam o ser em sua expressão social atomizada. Isso remete ao que Alain Ehrenberg (2010) abordou em 1995, quando expressou sua preocupação com o fato de que o empreendedorismo se tornara a nova norma social na sociedade francesa devido à emergência do neoliberalismo. Nesse contexto, o empreendedorismo é visto como uma norma que se aplica a todos, sem distinções hierárquicas, em um período de desencantamento, no qual as salvaguardas religiosas ou políticas parecem ter desaparecido. Com a apologética neoliberal que promove o desmantelamento de projetos coletivos alternativos, a ênfase recai sobre o indivíduo e sua trajetória.

Ao promover um sujeito empreendedor responsável por sua própria sobrevivência, imerso em uma vida de isolamento, os governos justificam políticas neoliberais que respondem a uma crise criada pelo próprio capital para maximizar seus ganhos. Contudo, o sacrifício diante da crise recai sobre o sujeito coletivo: a classe trabalhadora. Embora esses trabalhadores tenham se qualificado historicamente na resistência e na defesa de seus direitos, Ehrenberg observa que a gestão neoliberal utiliza outros recursos. A disciplina é substituída pela indução da "liberdade liberal". Como aponta o sociólogo:

> Só são eficazes os sistemas de governo que nos ordenam ser nós mesmos, saber empregar nossas próprias competências, nossa própria inteligência, ser capazes de autocontrole. A gestão pós-disciplinar é uma tentativa de forjar uma mentalidade de massa que economiza ao máximo o recurso às técnicas coercitivas tradicionais (Ehrenberg, 2010, p. 89).

O discurso empresarial, influenciado pelo discurso esportivo, estimula a autonomia e a competição, incentivando os indivíduos a assumirem riscos e a serem responsáveis por sua própria empregabilidade. Essa associação entre o discurso empresarial e o esporte reflete a valorização da individualidade, da superação de desafios e da busca por sucesso pessoal. O empreendedor é retratado como alguém que assume riscos e busca o sucesso por meio de sua própria iniciativa, em contraste com a proteção oferecida pelas instituições do Estado de bem-estar social. Essa conexão entre o discurso empresarial e o esporte contribui para a construção de um imaginário coletivo que valoriza a automobilidade, a autoprodução e a importância de contar apenas com as próprias forças para enfrentar os desafios. Essa abordagem reforça a ideia de que o sucesso individual depende da motivação, do esforço pessoal e da capacidade de superar obstáculos, em detrimento de soluções coletivas ou institucionais.

Alain Ehrenberg observa que o discurso empresarial frequentemente se alinha com o discurso esportivo na sociedade contemporânea. Por exemplo, o empreendedor é muitas vezes retratado como uma figura heroica, um modelo de ação e conduta para todas as classes sociais.

Nesse sentido, buscamos analisar as corridas de rua como exemplos de como atividades voltadas para a saúde e o bem-estar podem ser cooptadas pela lógica de performance e positividade exigida no mundo corporativo. No entanto, essa é uma condição inerente ao modo como essa sociedade se reproduz. A armadilha dessa relação se aprofunda quando o próprio fenômeno das corridas de rua se transforma em um espetáculo que reflete o comportamento exigido pela sociedade. Ou seja, há um limiar entre encontrar e assumir um espaço de autocuidado e reproduzir uma forma de ser que reflete a mediação da existência com base em eficiência, maximização de resultados com os mínimos recursos possíveis, foco em metas constantes, capacidade de adaptação às mudanças de mercado, comprometimento e dedicação por uma meritocracia pautada em premiações, melhoria contínua e concorrência. Esses princípios buscam garantir um alto nível de competitividade, justificando o sucesso na vida pelo uso dos recursos individuais.

Embora muitos participem dessas corridas buscando benefícios de saúde física e mental e uma sensação de comunidade, a própria atividade traz em si aspectos que podem comprometer a manutenção da saúde. Pesquisadores têm analisado que o neoliberalismo não apenas despolitiza a sociedade, mas também gerencia o sofrimento psíquico ao moldar nossos desejos e identidades (Safatle; Dunker, 2020). Nesse contexto, as corridas de rua podem ser vistas como uma extensão desse gerenciamento, onde o sofrimento nos treinamentos e nas provas é valorizado como forma de aumentar a performance e a eficiência individual.

Estudos indicam que a valorização excessiva do sofrimento físico pode levar a lesões, estresse e desgaste mental, ao invés de promover uma saúde integral. A lógica neoliberal, que prioriza o aumento de desempenho, pode transformar abordagens de cuidado pessoal em práticas que focam mais na produtividade do que no bem-estar. Portanto, é essencial considerar que, enquanto as corridas de rua oferecem muitos benefícios, elas também podem refletir e reforçar uma cultura que valoriza a performance a qualquer custo, muitas vezes em detrimento da saúde física e mental dos indivíduos.

5.1 Entre o sofrimento voluntário e a servidão voluntária

Nossa contribuição aqui é um alerta de como nós, corredores, podemos estar inseridos nas corridas como uma manifestação dessa lógica neoliberal, que não apenas regula nossos comportamentos, mas também molda nossos desejos e identidades de acordo com valores que impõem uma ideia empresarial de si. Isso ilustra como a cultura, a economia e a subjetividade estão profundamente interligadas, transformando atividades que deveriam promover saúde e bem-estar em práticas que reforçam a lógica neoliberal de competição e eficiência.

As corridas de longa distância não são apenas uma prática corporal em busca de saúde ou lazer; elas se transformam em projetos de vida que permeiam o cotidiano e outras esferas da existência do indivíduo. De fato, essas corridas passam a constituir a maior parte do dia a dia, servindo como uma referência para a condução da vida. Elas representam um compromisso pessoal com a eficiência e a busca pela maximização de resultados. Nesse contexto, o esforço e o sofrimento se tornam elementos necessários para superar os objetivos e metas estabelecidos. Não se trata apenas de cumprir o proposto; a própria performance se torna um fim em si mesma. Essa dinâmica ilustra bem a ideia de que os indivíduos voltados para o desempenho vivem em constante conflito interno. Assim, ao incorporar à sua rotina diária a disciplina dos atletas profissionais, o indivíduo internaliza um sentido competitivo que o impulsiona.

Essa extensão da lógica profissional e empresarial para a vida pessoal demanda que o desejo seja orientado para o sucesso e a conquista de status social. Melhorar tempos pessoais, ser reconhecido como um atleta dedicado e garantir medalhas em cada evento justificam a adoção de uma postura que se alinha com essa moral produtiva. Nesse sentido, as corridas também se configuram como uma passarela para espetáculos de performance individual.

Essa performatividade também recodifica nossas identidades. Não estamos apenas fingindo ser algo; estamos realmente mudando quem somos. Se o mercado valoriza pessoas competitivas e produtivas, as corridas de rua se tornam um palco onde essas qualidades são exibidas e celebradas. Os corredores não estão apenas participando de um esporte, mas incorporando uma identidade que valoriza a competição e a produtividade. Essa transformação, contudo, tem um custo. A constante tentativa de atender às expectativas do mercado leva ao sofrimento. O neoliberalismo gerencia esse sofrimento, fazendo com que pareça normal ou até desejável. Alguém que trabalha até a exaustão pode ser visto como um herói no mundo do trabalho, e o mesmo se aplica aos corredores que se esforçam ao máximo. O sofrimento físico e mental é romantizado e integrado à lógica de desempenho, tornando-se uma parte aceitável da busca por sucesso e reconhecimento. Isso recai em uma contradição máxima do cotidiano dos atletas profissionais, quando a necessidade de descanso e recuperação acompanha o impulso constante para treinar mais e competir, algo que alimenta o próprio sistema.

Essa é uma comprovação de que vivemos em uma sociedade do trabalho, da produção, do desempenho para gerar valor. Mas claro, não se trata apenas do modelo fabril que se reestruturou nas últimas décadas ou do setor primário, mas também abrange os trabalhos acionados por serviços, pela cultura em geral e pelos que hoje estão relacionados com tecnologias e pesquisas.

O que fundamenta ontologicamente a sociedade capitalista é o trabalho, mas é o trabalho abstrato, alienado e estranhado pelo capital, aquele que resulta em sofrimento, exaustão, depressão, tédio e ausência de horizontes. Diante disso, nesta sociedade, o lazer é condicionado ao consumismo, a liberdade está atrelada ao "ter", e o ser humano é reduzido ao predicado do capital, refletido nas mercadorias. O indivíduo se vê fadado à inautenticidade e ao fracasso, com suas capacidades humanas impedidas de se manifestar plenamente de acordo com seus próprios desejos e potencial.

Ao buscar melhorar o desempenho, esse sujeito de "alma consumida" utiliza os recursos possíveis para se manter ativo e focado em atingir suas metas. No esporte, tanto atletas quanto pessoas comuns recorrem a substâncias lícitas e ilícitas para se manterem competitivos. Nas corridas de rua e nos treinos de academias, por exemplo, o uso de substâncias estimulantes como a cafeína é comum para superar o limiar de esforço. Músicas funcionam como incentivo, o doping é intensificado como recurso nas corridas de rua, e medicamentos de uso controlado são amplamente consumidos por estudantes e trabalhadores que precisam manter o foco e a produtividade por longos períodos. Isso inclui a prescrição de substâncias psicoativas, conhecidas como "*smart drugs*" ou nootrópicos. Essa realidade evidencia não apenas a mercantilização das práticas e relações humanas, mas também levanta questões éticas sobre os limites do que é aceitável na busca pelo sucesso.

Um ciclo vicioso se desenvolve em um modo de vida que exige respostas imediatas e urgentes, ou até mesmo a sensação de ficar à margem dessas demandas, perdendo oportunidades ou nem sequer acessando-as. A consequência dessa cultura de desempenho e performance é o sofrimento e o esgotamento. Como observam Franco *et al.* (2020, p. 70), "embora essa nova mentalidade resulte em sofrimento para os sujeitos, carregados de expectativas, descolados de suas condições objetivas e totalmente responsabilizados por seus fracassos, ela é capaz de mobilizar afetos e ganhar adesão social."

As redes sociais, como o Instagram, promovem fortemente o arquétipo da performance e do sucesso. As imagens compartilhadas nessas plataformas consolidam a ideia de um indivíduo que se destaca apesar das contradições da realidade. Os relatos sobre conquistas em práticas corporais e estéticas são variados, e o corpo se torna suporte para a valorização nesse meio virtual, onde foco, sacrifício e disciplina são apresentados como métodos universais, referências para todos que aspiram a se tornar "heróis". Os *stories* de positividade em exaustão funcionam como uma premiação constante — sempre prontos para mais uma. Nesse sentido, Ehrenberg (2010, p. 11) observou que:

A democratização do aparecer não está mais limitada ao confortável consumo da vida privada: ela invadiu a vida pública sob o viés de uma performance que impulsiona cada um a se singularizar, tornando-se si mesmo. O ponto de vista do ator domina, de agora em diante, a mitologia da autorrealização: cada um deve aprender a se governar por si mesmo e a encontrar as orientações para sua existência em si mesmo.

No entanto, essa dinâmica é um artifício que gera fadiga, estresse e ansiedade. A busca incessante por sucesso, trabalhando intensamente para atingir metas contínuas, leva ao esgotamento, especialmente para aqueles que estão no 'corre' da sobrevivência. Parece contraditório tentar remediar isso no próprio ato de correr. Esse ciclo cria uma corporalidade moldada para suportar os sintomas desse tempo, baseada em treinamentos e compromissos orientados pelos mesmos métodos de alcançar novas metas e objetivos — tudo em busca de produzir mais valor para o mundo dos negócios, mesmo quando a corrida visa manter uma corporalidade saudável para a vida, que, no entanto, se destina a manter-se útil ao trabalho.

Esse tipo de atitude de desempenho se alastra em todas as áreas, sendo encarado como um *enhancement*. Essa expressão envolve a busca pela maximização das potencialidades humanas, seja na estética, no trabalho ou nos esportes. No caso da saúde, o *enhancement* é agora definido pelos critérios de mercado, onde a busca pela performance supera a simples preocupação com a cura.

A análise de Franco *et al.* (2020) é valiosa aqui, pois eles explicam que, em uma sociedade competitiva, os indivíduos estão constantemente comparando e hierarquizando coisas e pessoas, sendo eles próprios passíveis de (des)classificação a todo momento. O neoliberalismo impõe uma pressão contínua para que cada um se torne seu próprio especialista, empregado, inventor e empresário, agindo incessantemente para se reforçar e continuar na competição. Todas as atividades são vistas como produção, investimento ou cálculo de custo, transformando a economia em uma disciplina pessoal.

Esse investimento extremo em si mesmo e em suas capacidades aparece, simultaneamente, como plena realização individual e como disciplina rígida. Aqui, "disciplina" é entendida em um sentido amplo. Quando o indivíduo é colocado como centro da dinâmica social, ele carrega o peso de uma lei externa com máximo rigor: a lei da valorização do capital. Ao internalizar essa lei, o próprio indivíduo passa a exigir de si mesmo ser um empreendedor bem-sucedido, buscando "otimizar" todos os seus atributos que podem ser valorizados, como imaginação, motivação, autonomia e responsabilidade.

No entanto, essa subjetividade inflada provoca um inevitável colapso emocional quando seu esvaziamento é completo. A pressão por autoaperfeiçoamento e cumprimento de expectativas sociais gera frustração, angústia e um profundo sentimento de fracasso e autoculpabilização quando as metas não são alcançadas. Esse estado de exaustão mental e emocional frequentemente resulta em patologias como a depressão, evidenciando o sofrimento psicológico decorrente dessa cultura de performance incessante (Franco *et al.*, 2020).

Atualmente, a crítica à intensificação da alienação é apresentada sob a perspectiva de uma denominada "sociedade do cansaço" e dos excessos. Pensadores contemporâneos como Byung-Chul Han (2017) abordam, sob a influência de Michel Foucault, a transição das formas de controle social. Antes, comportamentos excessivos que não se encaixavam nas normas eram frequentemente confinados em hospícios, asilos, fábricas, presídios, etc. O corpo precisa ser controlado, disciplinado, vigiado e ajustado a uma ordem conservadora, para se adequar às formas mais rígidas de produção, nas quais o organismo e os músculos são moldados para se adaptarem a espaços, processos e tecnologias padronizados, visando resultados coletivos previamente definidos. Hoje, os excessos continuam sendo punidos, mas são incentivados e celebrados no contexto da produtividade flexível, autocuidado e performance privada. Neste sentido, a corporalidade humana passa a se comportar como uma personalidade que se auto-vigia, internalizando os mecanismos exigidos pelas novas normas de produtividade. Ou seja, o modo de produção capitalista se estrutura de forma a ultrapassar a esfera pública, sendo assumido pelo indivíduo em seu cotidiano e singularidade. A performance é incorporada nos modos de viver essa corporalidade, desde a sexualidade, nutrição, sono, e batimentos cardíacos, até os passos monitorados por relógios inteligentes e a exposição do desempenho para ser reconhecido como um indivíduo ativo e bem-sucedido, ainda que à custa de grandes sacrifícios.

O fenômeno da "sociedade do cansaço" é identificado em um cenário de hiperexigência individual. A cultura do desempenho coloca o sujeito em um ciclo de autossuperação, onde o fracasso em alcançar metas pessoais é interpretado como responsabilidade exclusiva do indivíduo. Nessa lógica, o capitalismo moderno promove não só o consumo desenfreado, mas também o culto ao corpo, bem-estar e saúde. O que antes era considerado um "excesso" patológico hoje é internalizado como projeto de vida.

As práticas da indústria do *fitness* e das corridas de rua exemplificam essa mudança. A exaustão física, o cansaço mental e a autoexploração que essas práticas induzem não são vistos como sinais de alerta, mas como marcos de conquista pessoal. O corpo se torna uma máquina de desempenho, onde o sucesso é medido pelo número de maratonas, pelo percentual de gordura ou pelas postagens nas redes sociais. O excesso é ressignificado: não como um desvio a ser tratado, mas como uma expressão do indivíduo hiperativo e autossuficiente. No entanto, esse excesso continua a produzir sofrimento, apenas camuflado pelo discurso de superação e saúde. Não é à toa a divulgação de legendas em fotografias nas redes sociais que resumem uma sessão de treino: "Tá pago!", "Esse foi na força do ódio!", "Minha jornada, minhas regras!", "A melhor versão de mim mesma!", "Alcançando o impossível!", "É na dor que a gente encontra a força!".

Essa reflexão revela como, na sociedade atual, há uma colonização dos corpos e mentes pela lógica da produtividade incessante. A imposição de uma disciplina interna faz com que o indivíduo se autoexplore, esgotando-se em busca de metas inalcançáveis e intermináveis. O que antes era tratado como desordem mental, hoje se manifesta no esgotamento físico e mental da "sociedade do cansaço", que, em vez de encontrar um limite ou cuidado coletivo, é gerida pelo mercado.

Essa crítica alerta para os perigos de uma cultura que trata o corpo como mercadoria e a saúde como produto a ser adquirido. A corrida por performance — seja no trabalho, no esporte ou na vida pessoal — leva a um esgotamento contínuo. A consequência é uma sociedade doente, onde o cansaço crônico e o desgaste emocional são sintomas mascarados por uma promessa inalcançável de sucesso e felicidade.

Mas é fundamental prestar atenção a essas novas denominações, pois, no capitalismo, vivemos em uma sociedade de trabalho alienado. O trabalho sempre foi extenuante para a classe trabalhadora, que historicamente carregou o peso da exaustão. No entanto, hoje, sob o domínio do consumo, da financeirização da vida e da ideologia da positividade do empreendedorismo de si, essas formas contemporâneas de alienação se enraízam ainda mais. O sujeito de desempenho, ao se autoexplorar incessantemente, torna-se vítima de uma ideologia onde "nada é impossível", mas esse ideal vem à custa de sofrimento e depressão, frutos de uma busca incessante por resultados e produtividade por meio de multitarefas.

Nessa dinâmica, os indivíduos parecem ser voluntários da própria servidão, submetendo-se a um ciclo de sofrimento contínuo. Não há mais espaço nem tempo para a profundidade ou para celebrações autênticas, momentos que poderiam permitir a superação do imediatismo e a abertura para outras possibilidades de existência. Ao contrário, somos aprisionados em uma hiperatenção constante, que nos empurra para formas vagas e superficiais de relacionamento com o mundo e conosco mesmos.

A corporalidade, agora moldada pelo imperativo do desempenho, nos distancia de nossa própria essência, esvaziando a capacidade de encontrar força no silêncio e na meditação, de experimentar o poder transformador do "não-fazer." Ou seja, é preciso ajustar o ritmo nessa corrida da vida, reconhecer que a aceleração do cotidiano é para as máquinas, os computadores e o capital. Nós, seres humanos, nos referenciamos pela sensibilidade; precisamos de tempo para saborear as autenticidades da vida e sermos mais plenos no que é possível, livres da hiperatividade e da decadência do esgotamento.

5.2 No meio da corrida tinha um muro

A metáfora do "muro" nas maratonas, amplamente conhecida entre corredores de longa distância, ilustra um ponto crítico em que os recursos físicos e mentais parecem se esgotar repentinamente. Esse fenômeno, frequentemente experimentado entre os 30 e 35 km de uma maratona, representa uma queda abrupta nas reservas de energia e uma intensa batalha interna contra o desânimo.

Sabemos que muitos corredores enfrentam dificuldades extremas, a ponto de não conseguirem concluir as provas, especialmente quando realizadas em horários inadequados. Mas há também aqueles envolvidos no fetiche das corridas, que impregna as maratonas com um feitiço que muitos treinadores e assessorias esportivas alimentam, incentivando o desejo por um acesso rápido a essa modalidade. Trata-se de um desafio preocupante, que demanda experiência e preparação longa. O resultado do consumo irresponsável dessas provas é que os corredores são frequentemente surpreendidos pelo tão falado "muro" e, em casos menos afortunados, pelo colapso, geralmente causado pela fadiga extrema e pela depleção de glicogênio, a principal fonte de energia dos músculos. Em situações mais graves, isso pode levar a uma condição conhecida como hiponatremia, um desequilíbrio eletrolítico no corpo. É provável que o leitor já tenha visto imagens de atletas amadores e profissionais acometidos por exaustão extrema em diversos eventos esportivos. Tais cenas de corpos contorcidos, frequentemente vistas pelo público, são interpretadas como uma demonstração de garra e heroísmo, apesar dos riscos e da preocupação que representam.

Na corrida da vida moderna – no corre do dia a dia – o muro pode simbolizar o ponto em que nossas energias emocionais, mentais e físicas se esgotam devido ao ritmo acelerado e às incessantes demandas da vida nas cidades. Assim como o corredor atinge o muro quando suas reservas de glicogênio se esgotam, os indivíduos urbanos podem enfrentar esse obstáculo quando suas reservas internas de resiliência e bem-estar são drenadas pelo estresse constante, ansiedade e sobrecarga sensorial no trabalho.

As pressões para desempenhar bem no trabalho, cumprir prazos, lidar com o trânsito caótico e manter uma vida social ativa criam um ambiente de alta tensão. Assim como o corredor que luta para manter o ritmo nos últimos quilômetros da maratona, os trabalhadores urbanos enfrentam o desafio de manter o equilíbrio enquanto suas reservas de energia mental e física se esgotam.

A sobrecarga sensorial, provocada pelo excesso de informações e estímulos nas cidades, contribui significativamente para a exaustão emocional. Assim como o muro em uma maratona, esse esgotamento pode se manifestar como uma sensação de estar preso, incapaz de continuar e envolvido por uma profunda frustração. É o momento em que o indivíduo clama por descanso e alívio, mas continua sendo pressionado pelas demandas externas.

O muro é um momento desafiador tanto físico quanto mental, onde o corredor se depara com os limites extremos de sua resistência. No livro de Haruki Murakami (2010), *Do Que Eu Falo Quando Eu Falo de Corrida*, é possível identificar um recurso interessante que os maratonistas encontram para encará-lo. Murakami enfatiza a importância de um mantra para os maratonistas, uma frase ou pensamento positivo que ajuda a manter o foco e a motivação durante as longas corridas. Ele utiliza o mantra "Dor é inevitável.

Sofrer é opcional" para lembrar-se de que, embora a dor física seja uma parte inevitável da corrida, a maneira como reage a ela é uma escolha pessoal. Mantras como o de Murakami oferecem aos corredores uma âncora mental em meio à tempestade de fadiga, ajudando-os a superar a fase difícil do muro. Esses mantras servem como um lembrete poderoso de que a dor é temporária e que, apesar dos desafios, eles têm o poder de escolher como lidar com a adversidade e continuar avançando.

O leitor provavelmente já se deparou com mantras como "Você é campeão!", "Você é forte!" e "Você consegue!". Esses slogans, que visam motivar o corredor diante do muro, sugerem que a crença em si mesmo pode superar qualquer obstáculo. Essa abordagem se assemelha à expectativa do comportamento do trabalhador no capitalismo, onde a confiança pessoal é apresentada como a chave para o sucesso. Esse tipo de moralidade, que é forjada na personalidade e internaliza regras e valores sociais, funciona como uma espécie de consciência individualizada. Frases como "Se você não conseguiu, é porque não tentou o suficiente" e "O único limite é o que você coloca em si mesmo" reforçam a ideia de que os fracassos são resultado de uma falta de esforço. Talvez o leitor também tenha ouvido que "os vencedores fazem acontecer, enquanto os perdedores apenas esperam", trata-se de uma abordagem moralizante que não só coloca a responsabilidade pelo sucesso exclusivamente nas mãos do indivíduo, mas também ignora as condições estruturais e os desafios que não podem ser superados apenas com esforço pessoal.

Como discutido anteriormente, o desemprego estrutural, o trabalho precarizado e a insegurança associada a empregos temporários, mal remunerados e sem benefícios são consequências de uma economia em que a automação e a globalização capitalista, juntamente com especulações financeiras, alteraram profundamente o mundo do trabalho. Esses fatores formam um muro que esgota as reservas emocionais e mentais dos indivíduos, dificultando sua capacidade de planejar o futuro e cuidar de si mesmos.

Soma-se a isso a falta de acesso a direitos sociais básicos, como saúde, educação, esporte, lazer e moradia, outro muro imponente na vida de muitos. Sem esses direitos, as pessoas lutam para satisfazer necessidades essenciais, o que exacerba o estresse e a ansiedade. A busca incessante por recursos para garantir a sobrevivência básica torna-se uma maratona diária, sem garantia de alívio ao final.

A violência urbana e o racismo institucionalizado são barreiras adicionais que muitos indivíduos enfrentam. A ameaça constante à segurança pessoal e a discriminação sistemática criam um ambiente de medo e insegurança. O racismo, em particular, impõe um fardo psicológico e emocional significativo sobre os jovens que são alvo de preconceito, limitando suas oportunidades e corroendo sua autoestima.

A ascensão de ideologias neofascistas e autoritárias em todo o mundo nos últimos anos se transformou em um componente crucial desse muro sociopolítico que ameaça os direitos e liberdades civis. Políticas repressivas e discursos de ódio intensificam a polarização social e fomentam a violência, criando um ambiente de instabilidade e medo. Essa ameaça crescente de perda de direitos democráticos e repressão de vozes dissidentes ergue obstáculos gigantescos à saúde mental e ao bem-estar coletivo.

Uma enorme muralha atravessa o caminho da vida no capitalismo. Essa realidade, criada pelos próprios seres humanos, envolve contradições profundas que se refletem em tudo o que nos cerca. As corridas de rua em nossas cidades se tornaram um fenômeno típico desse estilo de vida, intimamente conectadas a esses muros.

Vamos considerar algumas reflexões presentes em leituras e filmes em que a corrida surge como um ponto de reflexão para autores, diretores e produtores culturais. Vale lembrar que essas manifestações da cultura corporal são sempre respostas às necessidades impostas pela materialidade da vida, determinadas histórica e socialmente.

O autor francês Jean Baudrillard (1986), em sua obra *América*, nos oferece uma visão intrigante e multifacetada de Nova York, descrevendo-a como o centro de uma hiper-realidade onde o real e o simulado se entrelaçam de forma indistinguível. Caminhando pela Times Square, por exemplo, os gigantescos telões digitais e a multidão vibrante criam uma atmosfera que nos faz sentir mais como personagens de cinema do que como simples pedestres. Cada elemento da cidade, desde as esquinas até os arranha-céus, participa de um espetáculo contínuo, transformando Nova York em um palco vivo.

Em Nova York, a proximidade física raramente se traduz em uma conexão humana genuína. As pessoas estão próximas, mas isoladas, cada uma mergulhada em seu próprio mundo, como passageiros no metrô que compartilham um espaço apertado, mas raramente trocam olhares. Baudrillard vê isso como um reflexo do individualismo extremo que caracteriza a cidade, onde a interação é frequentemente superficial e passageira: "É assombroso o número de pessoas aqui que pensam sozinhas, cantam sozinhas, e comem e falam sozinhas nas ruas. Entretanto, elas não se somam. Pelo contrário, subtraem-se umas às outras, e a semelhança entre elas é incerta." (*Ibid.*, p. 17)

Esse individualismo exacerbado é visível até mesmo em eventos comunitários, como a maratona de Nova York, uma das maiores corridas de rua do mundo. Thor Gotaas (2013) descreve como essa corrida se transformou em um sucesso sob a direção de Fred Lebow (1932-1994), um corredor romeno, empreendedor judeu e contrabandista de diamantes e açúcar, que escapou da deportação para um campo de concentração com sua família durante a Segunda Guerra Mundial. Fred Lebow, ao fundar a New York Road Runners e realizar a primeira maratona de Nova York em 1970, não apenas criou um evento esportivo, mas também estabeleceu uma plataforma cultural e econômica que reflete as dinâmicas do capitalismo moderno. O que começou com 127 participantes evoluiu para uma das corridas mais icônicas e comerciais do mundo, atraindo milhares de corredores de diversos países e gerando milhões de dólares em patrocínios, direitos de transmissão e turismo.

Baudrillard vê esse evento não apenas como uma competição esportiva, mas como um exemplo vívido de como até a exaustão e o esforço coletivo são transformados em espetáculo. Ele comenta:

> "I DID IT!" O slogan de uma nova forma de atividade publicitária, de performance autística, forma pura e vazia, e desafio a si-mesmo, que substituiu o êxtase prometeico da competição, do esforço e do êxito. A maratona de Nova York tornou-se uma espécie de símbolo internacional dessa performance fetichista, do delírio de uma vitória em vazio, da exaltação de uma façanha sem consequência (*Ibid.*, p. 21-22).

No cerne da corrida, e por extensão da própria cidade, Baudrillard identifica uma decadência cultural mascarada de exuberância. Ele questiona o significado de um esforço que parece vazio, onde o triunfo se dissolve em meio à multidão de participantes. Baudrillard (1986, p. 21) afirma:

> Sem dúvidas, eles também sonham em transmitir uma mensagem vitoriosa, mas são numerosos demais e a mensagem deles não tem qualquer sentido: é a de sua própria chegada, ao término de um enorme esforço — mensagem crepuscular de um esforço sobre humano e inútil.

Essa perspectiva revela uma crítica à superficialidade da conquista, sugerindo que, apesar do esforço, a verdadeira essência e o valor da vitória se perdem no mar de participantes e na transformação do evento em espetáculo. Pode-se interpretar isso também como uma crítica à banalização do esporte em sua expressão profissionalizante, enquanto maratonistas profissionais podem ainda encontrar realização genuína e autêntica em seus esforços.

Na análise de Baudrillard sobre a maratona de Nova York, ele estabelece um paralelo entre o esforço dos corredores modernos e o antigo mensageiro grego da maratona, que morreu de exaustão após entregar uma mensagem vital de vitória. Enquanto o mensageiro tinha um propósito claro e significativo, a corrida moderna parece ter perdido esse significado essencial. Para ele, os corredores contemporâneos se esforçam ao extremo, mas, devido ao grande número de participantes, o valor e o impacto do esforço individual se diluem, tornando-se uma mera confirmação de participação, em vez de uma verdadeira declaração de conquista.

Ele critica a transformação da maratona em espetáculo, onde o simples ato de terminar prevalece sobre qualquer realização mais profunda. Sugere, ainda, que a maratona reflete uma cultura de visibilidade, onde ações humanas, mesmo as mais desafiadoras, podem se transformar em gestos vazios, desprovidos do significado humano profundo que possuíam originalmente. Dessa forma, sua análise questiona não apenas o valor esportivo da maratona, mas também a tendência da sociedade moderna de privilegiar a forma sobre o conteúdo, o espetáculo sobre a substância.

O sofrimento voluntariamente assumido pelos corredores, como Baudrillard sugere, espelha a servidão moderna à performance e ao espetáculo. Cada passo e cada respiração ofegante dos corredores se tornam uma metáfora da luta diária da vida contemporânea, onde o fim muitas vezes justifica os meios, independentemente do custo humano envolvido. "A maratona é uma forma de suicídio demonstrativo, suicídio como publicidade: é correr para mostrar que você é capaz de extrair até a última gota de energia de si mesmo" (*Ibid.* p. 22), descreve Baudrillard, sugerindo que essas demonstrações de resistência são menos sobre a conquista pessoal e mais sobre a validação pública do esforço individual.

Baudrillard também comenta sobre a decadência camuflada por trás da exuberância da cidade. Ele questiona: *"O que você faz após a orgia?"* referindo-se ao estado de esgotamento cultural em uma sociedade que já consumiu todos os prazeres ao extremo. Isso é exemplificado no frenesi das compras da Black Friday, onde a busca incessante por satisfação revela, paradoxalmente, uma ausência de realização duradoura. Da mesma forma, a maratona de Nova York pode ser vista como um microcosmo dessa busca constante por realização, onde a linha de chegada é tanto um alívio quanto um lembrete da futilidade do excesso.

Nos Estados Unidos, descritos por Baudrillard como uma "utopia realizada", quase todos os desejos são imediatamente acessíveis. A maratona, com sua promessa de realização pessoal através do esforço físico extremo, é um emblema dessa mentalidade. Contudo, o filósofo alerta que essa constante realização pode, paradoxalmente, alimentar uma insatisfação crônica — semelhante à sensação de paralisia provocada pela abundância de escolhas em serviços de *streaming*.

Baudrillard, ao abordar esses temas, não apenas captura a essência de Nova York e da cultura americana, mas também nos faz refletir sobre as complexidades de viver e se relacionar em um mundo cada vez mais mediatizado e performático. A maratona de Nova York, com sua vibrante celebração do esforço humano e sua inerente solidão, incorpora o paradoxo da vida moderna.

No pulsar frenético das metrópoles modernas, as corridas de rua emergem como um símbolo da vida sob a ode do capitalismo neoliberal. É só nesse momento histórico que seria possível esse boom dos eventos de corridas em todo o mundo. Quando pensamos em investigar a origem dos eventos de corridas de rua nos moldes em que são vivenciados hoje, deve-se considerar que tal configuração sociocultural só seria possível em meio a um estado de crise estrutural do capital. No percurso de uma modernidade tardia, as transformações culturais e sociais ocorrem mediadas por mudanças estruturais no modo como produzimos a vida e sob as contradições que acabam se impondo numa realidade avassaladora.

Até aqui, compreendemos que essa realidade é atravessada por um muro crescente, erguido no contexto da desigualdade social exacerbada pelo capitalismo neoliberal. Esse muro é composto por transformações complexas que afetam diretamente a forma como garantimos nossa subsistência, especialmente por meio de relações de trabalho precarizadas, como evidenciado pela terceirização e pela *gig economy*. Além disso, essa dinâmica é intensificada por uma cultura de consumo desenfreado e pela mercantilização de todos os aspectos da vida.

É em meio a esse contexto que o indivíduo acaba sendo reificado e incorpora toda essa metamorfose em que estamos mergulhados. Não apenas assumindo os valores dessa ordem, mas também sendo excluído dela, como algo a ser descartado, um corpo que não serve para a execução do movimento útil ao capital.

Fica claro que a corrida, enquanto prática corporal voltada para a sobrevivência diante das consequências de uma vida imersa em tais contradições, está distante de ser vivenciada de forma esportiva e recreativa pela maioria da população. A classe trabalhadora, que mais precisa de uma conquista qualitativa de seu tempo livre, está presa entre transportes públicos lotados e jornadas de trabalho precarizadas, desde a madrugada até o início da noite. Não é possível superar as justificativas da vida no capitalismo para usufruir de um bem comum como a caminhada, a corrida ou qualquer outra expressão da cultura corporal, enquanto a saúde não for vinculada à ampliação do tempo livre para o desenvolvimento de potencialidades criativas e recreativas.

Contudo, esse indivíduo, cuja corporalidade é negada, ou seja, que não serve para as celebrações espetaculares das corridas de rua, nas quais os passos, a respiração e o suor são mercadorias, acaba sendo obrigado a vivenciar a corrida por um certo tipo de violência. Refiro-me àquela em que se faz de tudo para matar a fome. No entanto, esses indivíduos não deixam de incorporar os aspectos que os corredores amadores carregam enquanto sujeitos de desempenho, próprios de todos aqueles que estão disponíveis para o capital. Especificamente, falamos daqueles que são caracterizados pela atomização ou fragmentação da sociedade e que estão imersos em um processo ideológico que celebra a cultura de massa e a mercantilização dadas pela hegemonia neoliberal.

Um filme que traduz essa reflexão é o dirigido por Tom Tykwer, denominado Corra, Lola, Corra (Lola rennt) de 1998. Neste sentido, sabemos que os aspectos que configuram as produções ideoculturais de uma época são resultado de como os sujeitos estão produzindo o seu mundo, a realidade, naquele tempo. Na

Europa, especificamente na Alemanha, local da produção deste filme, vivenciava-se um momento histórico e econômico importante. O país estava em processo de recuperação econômica após a reunificação. O desemprego atingia seu ponto máximo, e a moeda única europeia (o euro) estava prestes a substituir o marco alemão em meio à onda neoliberal.

Manni, um coletor de uma quadrilha de contrabandistas, esquece no metrô uma sacola com 100.000 marcos. Ele tem apenas 20 minutos para recuperar o dinheiro ou enfrentará a ira de seu chefe, Ronnie, um perigoso criminoso. Desesperado, Manni telefona para sua namorada. Lola, a protagonista, corre contra o tempo numa Berlim que pulsa ao ritmo do capital. Para salvar seu namorado, Lola projeta três possíveis finais. Cada corrida é um microcosmo da luta diária pela sobrevivência, onde o tempo não é apenas um recurso escasso, mas uma moeda de troca.

A narrativa de *Corra Lola Corra* se desdobra em três atos distintos, cada um explorando diferentes consequências de ações aparentemente insignificantes. Essa estrutura ressoa com a teoria do caos e o efeito borboleta, sugerindo que, no capitalismo neoliberal, até mesmo a menor das ações pode ser amplificada para impactar o mercado global—uma especulação típica da pós-modernidade ideocultural. Lola, com seus sprints desesperados, torna-se uma metáfora para os trabalhadores que correm em uma esteira sem fim, impulsionados pela necessidade de serem mais rápidos, mais eficientes e, finalmente, mais lucrativos para os autênticos criminosos de nosso tempo.

O filme também questiona essa noção de individualismo neoliberal que demonstramos aqui, em que cada pessoa é vista como uma ilha, responsável apenas por seu próprio sucesso ou fracasso. As interações de Lola com os transeuntes destacam a interconexão inerente da sociedade, onde cada escolha individual reverbera através do tecido social, moldando vidas de maneiras imprevisíveis.

AJUSTANDO O RITMO: O IMPACTO DAS CORRIDAS DE RUA EM NOSSAS VIDAS

Em última análise, "Corra Lola Corra" é um comentário sobre a natureza implacável do capitalismo moderno, onde a corrida nunca termina e o chão sob nossos pés é o próprio terreno do neoliberalismo. A metáfora do muro não é apenas um obstáculo físico a ser superado, mas também uma representação dos desafios sistêmicos e sociais que enfrentamos diariamente. O ensaio de Baudrillard e o filme de Tom Tykwer nos convidam a refletir sobre quem realmente se beneficia dessa corrida incessante e exaustiva, presa a uma única realidade, e a considerar se existe um caminho alternativo, menos transitado, que possa levar a um futuro onde o valor humano transcenda a mera mercadoria.

6.

O PONTO DE CHEGADA

Avistar a linha de chegada após quilômetros de esforço é um momento de pura clareza. Cada gota de suor e cada dor sentida culminam na realização de uma personalidade viva e vibrante, expressa em nossa corporalidade sensível, capaz de atingir o potencial desenvolvido ao redor de um objetivo e de uma meta estabelecida.

Ao cruzar a linha de chegada, é como se atravessássemos um portal de volta à realidade. Porém, nem todos conseguem ultrapassar esse portal, por diferentes razões. Os riscos para a vida em uma aventura desse nível são inegáveis, e os treinadores reconhecem a responsabilidade que têm ao elaborar seus planos de treino. Dependendo da distância percorrida, o corredor experimenta uma variedade de sintomas, sensações e reações fisiológicas e emocionais que sempre remetem à qualidade do treinamento. Em uma prova de 10 km, por exemplo, o corredor dedicado e comprometido com sua preparação mentaliza-se para alcançar os limites extremos de seu esforço. Muitos chegam ao ponto de vomitar, esgotando as últimas reservas de energia. Não é à toa que as provas de 10 km servem como parâmetro para medir o nível de preparação dos corredores que almejam distâncias mais longas.

Nas corridas de rua, é comum que, ao chegar nos últimos quilômetros ou metros, o corredor seja impulsionado pela certeza da linha de chegada e pela sensação de dever cumprido, após mobilizar inúmeros recursos materiais e espirituais. Nesse momento, não há muito espaço para reflexão; tudo está focado em completar a prova. Não há como desperdiçar todo o ciclo de treinos. Por um instante, as dores desaparecem, a exaustão é esquecida, e algum tipo de energia ou motivação é acionado. A consciência corporal parece se ausentar, elevando o indivíduo a um estado de excitação que o impulsiona a superar a batalha e alcançar a euforia de voltar à realidade ao final.

Aqueles que cruzam a linha de chegada frequentemente se perguntam imediatamente: "Qual foi o meu tempo?" Nesse momento, a preocupação em saber se atingiram a meta estabelecida domina, e a satisfação é medida pela produtividade resultante do esforço. Para muitos, esse parâmetro definirá a participação em futuras provas. A linha de chegada deixa de ser apenas um fim e se transforma no ponto de partida para novos projetos. Ela medeia um estilo de vida focado em treinos mais rigorosos, uma rotina orientada pelos compromissos das provas e significativos investimentos financeiros, tudo para garantir que novos objetivos sejam alcançados, melhorando a performance e preparando o corpo para suportar dor e sofrimento.

A cultura das corridas passa a dar sentido à vida desses indivíduos. Suas relações sociais se baseiam no círculo de amizades entre corredores e nas referências de consumo ligadas a esse universo. Eles se inserem em um mercado onde suas necessidades são atendidas pelas engrenagens das corridas. As refeições, as vestimentas, os locais, as bebidas, as narrativas, os amores, as lágrimas, o sono, o suor, o lazer, as músicas, o ritmo das passadas e até a comunicação são influenciados por esse fenômeno social e o negócio que ele representa. Um fenômeno que tem o corpo como suporte para a dor e o sofrimento. Todos os corredores sabem que correr machuca, apesar de todos os recursos técnicos disponíveis (desenvolvimento da resistência e força, um bom sono e nutrição adequada) para minimizar os danos. O termo "vício" é frequentemente mencionado nos discursos daqueles que adotaram suas "doses" diárias de treinos.

O desenvolvimento de uma prática social dessa magnitude, ao se integrar às necessidades do capital, avança com justificativas que nem sempre precisam ser a defesa direta dessas práticas corporais. O indivíduo não precisa, necessariamente, se basear nas corridas de longa distância para garantir mais anos de vida, reduzir o risco de doenças crônico-degenerativas, controlar níveis bioquímicos, melhorar a performance mental e a autoestima, reduzir o estresse ou aprimorar as qualidades físicas. Sabemos que o conceito de saúde e longevidade envolve múltiplos fatores, e o acesso a eles é muito mais acessível do que o consumo de corridas de longa distância. Contudo, estamos aprisionados a um limite em que a liberdade reside na incapacidade de satisfazer nossas necessidades autênticas, fora da artificialidade do mercado. Para romper com isso, é preciso que possamos ser o que desejamos, além das determinações de uma sociedade excludente e performática.

No entanto, não estamos aqui para excluir as corridas de rua desse processo ou afirmar que o *jogging* é a melhor forma de correr. Não é esse o ponto! Como vimos anteriormente, o método de avaliação de Kenneth H. Cooper, desenvolvido em 1968, ilustra bem nossa reflexão, uma vez que ele contribuiu para melhorar o condicionamento físico das forças armadas dos Estados Unidos. Esse conceito de teste físico continua a influenciar a percepção de saúde a partir da aptidão física e do esporte, sendo amplamente utilizado para a iniciação de corredores em todo o mundo. Não se trata apenas de um processo científico com fins militares e econômicos, mas de um método que passou a qualificar a corporalidade resistente e eficientemente produtiva. Assim, a saúde passou a ser entendida como o resultado do esforço aeróbio e sua relação com doenças crônico-degenerativas. Mas vai além disso, promovendo uma moralidade em que a corporalidade deve atingir sempre seus limites.

Ao longo do livro, nosso esforço foi demonstrar que a corrida, enquanto expressão concreta, adquire características exigidas pelo processo de reprodução social. Ou seja, a corrida é um conteúdo da cultura corporal mediada por determinações sociais e históricas, onde suas funções atuais servem a diversas necessidades impostas pelo capital, e o corpo torna-se o suporte para atendê-las.

Quando organizadas como corridas de rua, essas manifestações da cultura corporal atendem às demandas de um mercado que se alimenta da formação dos corpos que sustentam esse fenômeno. Esses corpos materializam uma cultura forjada na ideia de produtividade e eficiência. O corpo "saudável", energizado e útil ao desempenho no trabalho, é vital para contribuir com a economia. Não apenas como meio, mas também como referência para circular padrões idealizados e disseminar a cultura. Ele incorpora os serviços de saúde e *fitness* promovidos, o marketing, funcionando como uma plataforma que dissemina narrativas voltadas para a obtenção de mais valor. Assim, no final dessa jornada, não é apenas o corpo que é transformado, mas também a alma.

O leitor deve se lembrar de uma frase pertinente: "A economia é o método. O objetivo é mudar o coração e a alma." Ao fazer essa afirmação, Margaret Thatcher sugeria que as políticas econômicas vão além das questões materiais, como o crescimento e a geração de empregos. Ela argumentava que a economia molda a sociedade em um nível mais profundo, influenciando valores, crenças e aspirações.

Assim, o valor que se traduz nesse contexto é apropriado pelas grandes marcas e corporações. Não é apenas o valor do trabalho envolvido na cadeia produtiva do fenômeno, mas também o valor gerado pela indução do consumo. O valor moral disseminado pela austeridade promove um ideal de indivíduo autônomo, ainda que questionável no processo em que esses corpos servem voluntariamente. O valor é propagado no discurso ideológico da superação e da força. A cada passo dado, a cada quilômetro percorrido, esses corpos se tornam a personificação da ideia de que somos capazes de alcançar tudo o que nos propomos, independentemente dos muros que surgirem em nosso caminho.

É claro que a capacidade de estabelecer e alcançar metas pessoais é uma habilidade valiosa, que pode ser aplicada em diferentes momentos de nossas vidas. No entanto, essas metas devem estar conectadas à realidade em que estamos inseridos. É crucial aprender a defini-las com plena consciência das determinações sociais que as cercam, pois essas determinações podem nos levar a problemas de saúde mental, especialmente nos sujeitos de desempenho, à medida que frustrações não são evitadas apenas pela resiliência física. Sempre haverá um momento em que não será mais possível "esticar" além do limite.

Até aqui, podemos concluir que as corridas de rua se tornaram uma extensão do indivíduo que já está jogando sozinho o jogo desigual da vida competitiva, onde a regra principal é o *"corre desta vida"* — a agitação diária e a luta constante para alcançar sucesso profissional e estabilidade financeira. Isso inclui longas horas de trabalho, prazos apertados, estudos, provas, responsabilidades familiares, cuidados domésticos, aquisição de novas habilidades e a manutenção de relacionamentos saudáveis, entre outros. De alguma forma, todos estamos nesse "corre da sobrevivência," lutando para garantir as necessidades básicas. Isso se torna ainda mais paradoxal quando comparado às práticas dos caçadores-coletores, que conseguiam alimentos por meio de cooperação intensa e trabalho considerável, incluindo caminhadas, corridas, carregamento e escavação durante várias horas diárias (Lieberman, 2015, p. 149).

Estamos diante de uma contradição significativa: buscamos ampliar a carga que somos capazes de suportar. A armadilha, como mencionado acima, ocorre quando o tempo livre é absorvido por uma moral que passa a organizar toda a vida. Essa mentalidade, típica do empreendedor em tempos de crise econômica (causada pela própria ordem capitalista), valida a austeridade como princípio da hegemonia neoliberal defendida pelos capitalistas. Isso exige uma organização social baseada na atomização do sujeito, em que todos competem entre si, defendendo seus próprios interesses como se fossem empresas rivais no mercado. O indivíduo busca, no "livre" mercado, uma posição melhor no mundo, fundamentada na ideologia do "empreendedor de si mesmo." Nesse sentido, o fenômeno das corridas de rua torna-se um espaço de realização e mobilização dessa moral.

Para uma compreensão mais profunda da economia dos indivíduos e sua moral, é útil considerar a análise de Safatle (2020).

Segundo ele, o conceito de "austeridade" não tem origem na teoria econômica, mas na filosofia moral. Ele destaca que o termo ganhou força com a ascensão do neoliberalismo, apesar de as políticas de controle dos gastos do Estado terem raízes em pensadores como John Locke, Adam Smith e David Hume. Safatle observa que a escolha do termo "austeridade" é significativa, pois revela como valores morais são usados para justificar intervenções sociais e econômicas. Ele argumenta que criticar a austeridade é visto não apenas como uma falha moral, mas também como desrespeito ao esforço alheio e uma incapacidade de poupar. Assim, opor-se à austeridade pode ser interpretado como se excluir da possibilidade de ser considerado um sujeito moralmente responsável e autônomo.

Certamente, entre os vários paradoxos que justificam a participação em corridas de rua, aqueles relacionados à saúde revelam armadilhas importantes. Aproxima-se do que podemos chamar de uma economia de anos de vida, em que cada esforço corporal, cada passo dado e cada hora dedicada (especialmente nas provas de longa distância) são vistos como investimentos para se manter vivo em meio às contradições. Os indivíduos são incentivados a assumir a responsabilidade pessoal por sua saúde física e mental por meio de exercícios. No entanto, essa responsabilização individual pode desviar a atenção de abordagens mais sistêmicas, coletivas e sustentáveis para a saúde pública e o bem-estar. Em vez de promover soluções abrangentes, essa economia fomenta uma perspectiva individualista, alinhada aos princípios da ontologia empresarial. Esse fenômeno exemplifica a aceitação passiva das estruturas capitalistas, que transformam até mesmo necessidades humanas básicas — como saúde, lazer e bem-estar — em oportunidades de mercado.

Mediar esse debate requer o reconhecimento e a discussão aberta desses paradoxos e conflitos. É essencial questionar quem realmente se beneficia com a popularização das corridas de rua nas cidades utilitaristas. Embora os participantes possam experimentar melhorias no bem-estar pessoal, são as corporações que colhem os maiores benefícios de imagem e financeiros ao longo de toda a cadeia produtiva desse esporte e lazer. Ao trazer essas questões para o debate público, podemos promover uma compreensão mais crítica de como as práticas corporais estão inseridas em contextos comerciais mais amplos, que afetam profundamente as motivações individuais e influenciam indiretamente as políticas de saúde pública.

Este ponto de chegada da nossa reflexão nos permite entender a cultura corporal, como exemplificado pelas corridas de rua, não apenas como práticas voltadas para a sobrevivência, mas como fenômenos imersos em nexos causais relacionados às demandas do capital. Essas práticas revelam uma interação profunda entre consumo, cultura e identidade na sociedade contemporânea. Reconhecer e resistir às formas como o lazer e a cultura são comercializados pode ser um passo crucial para recuperar a autenticidade de nossas experiências e promover uma sociedade em que as atividades culturais reflitam valores genuinamente humanos e comunitários.

Essas são questões fundamentais, pois lidam com a luta maior contra a mercantilização da vida e pela preservação de espaços genuínos de expressão humana e conexão. Como já mencionado, as corridas, em sua essência, servem como um lembrete das nossas capacidades e da nossa busca por sentido e proteção da vida — elementos que devem ser celebrados, não vendidos ao maior lance.

É necessário pautar essa manifestação da cultura corporal como um bem público. Os trabalhadores precisam ter acesso ao seu potencial como um conteúdo que contribua para o desenvolvimento comunitário, superando as expectativas do discurso médico-científico e seu paradigma biomédico. Nesse sentido, é essencial considerar a luta pela conquista do tempo livre e reconhecer o trabalho como categoria central para pensar políticas públicas que se distanciem do modelo capitalista de consumo. Uma perspectiva em que o tempo livre não seja transformado em tempo de consumo.

É preciso mediar o fenômeno das corridas de rua com valores vinculados às expectativas e lutas dos trabalhadores, levando em consideração, por exemplo, experiências de políticas públicas que tenham como princípios a intergeracionalidade, a diversidade cultural, o desenvolvimento comunitário, a emancipação humana, a participação popular e a autodeterminação. Dessa forma, as corridas de rua podem se constituir como uma demanda pública de política de humanização, atendendo a necessidades fundamentais a partir de uma perspectiva de saúde universal, com equidade e integralidade como princípios centrais.

Justifica-se, assim, a implementação de ações próximas ao Sistema Único de Saúde (SUS) no Brasil, promovendo eventos comunitários acessíveis, onde o foco esteja na saúde integral e no bem-estar coletivo, em vez de se reduzir a competição e o consumo desmedido. Nesse contexto, as orientações e iniciativas relacionadas às práticas corporais, como caminhada e corrida, precisam ser incluídas não apenas na prevenção e tratamento de doenças crônicas degenerativas, mas também como **práticas comunitárias de celebração da vida**, com tempos dignos e uma vida plena de sentido. Como modelo a ser defendido, integrando práticas corporais no cotidiano das pessoas, não como um luxo, um ponto de fuga ou um esforço de desempenho, mas como uma prática que qualifique a saúde em totalidade e acessível a todos.

A luta pelo acesso ao lazer como um direito social é essencial para desafiar a lógica do capital e promover uma vida mais significativa e equilibrada. Embora o acesso ao lazer, por si só, não seja suficiente para romper as estruturas capitalistas, ele representa um passo importante na busca por uma existência que valorize o bem-estar humano e a realização pessoal. É através da resistência e da promoção de um lazer que vai além da mercantilização que podemos começar a questionar e transformar as condições que limitam nossa capacidade de viver plenamente, tanto no trabalho quanto fora dele.

Se entendermos as ruas como um espaço público a ser apropriado pela comunidade, as corridas de rua podem se tornar oportunidades de vivência coletiva, onde o foco é o bem-estar, a convivência, e o prazer de estar na cidade. Lefebvre (2001) nos lembra que o espaço urbano deve ser vivido, não apenas utilizado como um lugar de circulação ou consumo. A corrida pode ser um ato simbólico de ressignificação das ruas, onde os participantes criam novos significados para o espaço, rompendo com a lógica capitalista da competitividade e do valor de troca.

Nesse sentido, é possível avançarmos no entendimento de que a prática do esporte não precisa se restringir à performance e ao resultado numérico. As corridas de rua possuem um potencial de promoção de **experiência estética e sensorial** da cidade, onde os participantes tenham a oportunidade de redescobrir o espaço urbano com outros olhares, valorizando o percurso, os encontros, a arquitetura, e os elementos culturais que compõem o entorno e desenvolvendo a crítica necessária sobre o empobrecimento das experiências urbanas submetidas ao valor de troca que resulta em problemas de planejamento urbano e da segregação dos espaços públicos. Portanto, as corridas de rua podem ser **atos de ocupação política** das ruas, reapropriando-se desses espaços para denunciar as condições desiguais de acesso à cidade, à saúde, e ao lazer e exigindo políticas públicas que fomentem essas demandas como direitos sociais, não como mercadorias.

Essa perspectiva ajudaria a redefinir o ato de correr, afastando-se de uma performance individualista e promovendo uma prática que enriqueça a vida social e fortaleça laços comunitários autênticos. O exemplo dos povos Tarahumara, no deserto mexicano, acena nessa direção, onde correr é uma necessidade ontológica, inserida em uma tradição baseada em uma economia *comum* e compartilhada. Assim, a corrida nos convida a refletir sobre como podemos buscar significado de maneira mais profunda e autêntica, escapando das armadilhas do consumismo e da gratificação imediata. No entanto, essa jornada só faz sentido com o reconhecimento da necessidade de superar de forma coletiva e organizada os limites impostos pelas contradições do mundo em que corremos.

Por fim, refletir sobre o potencial humano de superar as exigências do capitalismo é essencial. A corrida, nesse contexto, simboliza o desafio maior de viver de forma autêntica e significativa. Em vez de perpetuar a auto-otimização incessante, as corridas poderiam abrir espaço para a reflexão e para o desenvolvimento de uma identidade que valorize a vida, o bem-estar coletivo e o crescimento pessoal. Trata-se de valorizar e ampliar o tempo livre do sujeito coletivo, da classe trabalhadora.

Sob a perspectiva da formação humana, refletir sobre o potencial da corrida significa orientar-se por uma visão de indivíduo que deve avançar para além dos valores impostos pela lógica do capital, superando as exigências do fetichismo do "empreendedor de si". O ser humano não deve ser visto como uma empresa, que constantemente precisa entregar resultados de rendimento a si mesmo, superando-se em tudo, enquanto a vida real exige tempo para os afetos essenciais e para a apreciação de tudo que exige um ritmo mais lento e profundo que qualquer *pace*[22].

---

[22] Na linguagem técnica das corridas, o *pace* refere-se ao ritmo médio de um corredor, medido em minutos por quilômetro (min/km). Esse termo indica quanto tempo o corredor leva para completar 1 km. Por exemplo, um *pace* de 6 minutos significa que o corredor demora 6 minutos para percorrer 1 km. Essa métrica é essencial para corredores de todos os níveis, pois ajuda a monitorar o ritmo e a intensidade do treino, além de ser um fator crucial na estratégia durante competições. Corredores utilizam o *pace* para estabelecer metas, ajustar o treinamento e, assim, melhorar sua performance ao longo do tempo. Qualquer ritmo de corrida que inclua uma fase aérea—isto é, um momento em que ambos os pés estão fora do chão—é considerado um *pace* de corrida. O *pace* ideal, no entanto, varia para cada indivíduo, dependendo de fatores como capacidade física, frequência de treinos, distância percorrida e metas pessoais.

REFERÊNCIAS

ALVES, Giovanni. Trabalho, subjetividade e lazer: estranhamento, fetichismo e reificação no capitalismo global. *In:* PADILHA, Valquiria (org.). *Dialética do Lazer.* São Paulo: Editora Cortez, 2006.

BAUDRILLARD, Jean. *América.* Tradução: Álvaro Cabral. Rio de Janeiro: Rocco, 1986.

BRACHT, Valter. *Sociologia Crítica do Esporte: uma introdução.* 3ª edição. Ijuí: Editora Unijuí, 2005.

CARERI, Francesco. *Walkscapes: O Caminhar como prática estética.* São Paulo: Editora Gustavo Gili, 2013.

CHÃ, Ana Manuela. *Agronegócio e Indústria Cultural: Estratégias das Empresas para a Construção da Hegemonia.* São Paulo: Expressão Popular, 2018.

DARDOT, Pierre; LAVAL, Christian. *A Nova Razão do Mundo: Ensaio sobre a Sociedade Neoliberal.* São Paulo: Boitempo, 2016.

EHRENBERG, A. *O culto da performance: da aventura empreendedora à depressão nervosa.* Trad. Pedro Bendassolli. Aparecida: Ideias & Letras, 2010.

FISHER, Mark. *Realismo Capitalista: É Não Haver Alternativa?* São Paulo: Autonomia Literária, 2020.

FRANCO, Fábio. *Et al.* O sujeito e a ordem do mercado: gênese teórica do neoliberalismo. *In:* SAFATLE, V.; JÚNIOR, N. da S.; DUNKER, C. (org.). *Neoliberalismo como gestão do sofrimento psíquico.* São Paulo: Autêntica, 2020.

GOTAAS, Thor. *Correr: a história de uma das atividades físicas mais praticadas do mundo.* São Paulo: Matriz, 2013.

HAN, Byung-Chul. *Sociedade do cansaço.* Petrópolis: Vozes, 2017.

HARVEY, David. *A produção capitalista do espaço.* São Paulo: Annablume, 2005

KONDER, Leandro. *Os Sofrimentos do Homem Burguês*. Rio de Janeiro: Editora Paz e Terra, 1992.

LEFEBVRE, Henry. *O direito à cidade*. São Paulo: Centauro, 2001.

LIEBERMAN, Daniel. *A história do corpo humano: Evolução, saúde e doença*. Rio de Janeiro: Zahar, 2015. 490 p.

LUKÁCS, György. *História e Consciência de Classe: Estudos de Dialética Marxista*. Tradução de Rodnei Nascimento. São Paulo: Martins Fontes, 2003.

LUKÁCS, György. *Para uma Ontologia do Ser Social*. Volume II. São Paulo: Boitempo Editorial, 2013.

MANDEL, Ernest. *O capitalismo tardio*. São Paulo: Abril Cultural, 1982.

MARX, Karl. *O Capital: Crítica da economia política*. Livro I: O processo de produção do capital. São Paulo: Boitempo, 2013.

MARX, Karl. *Os manuscritos de Paris e os manuscritos econômicos e filosóficos de 1844*. São Paulo: Expressão Popular, 2015.

MAUSS, Marcel. As técnicas do corpo. *In: Sociologia e Antropologia*. São Paulo: Editora Cortez, 2003, p. 97-133. (Original publicado em Journal de Psychologie, 31(3), p. 241-258, 1934).

McDOUGALL, Christopher. *Nascidos para correr: a experiência de descobrir uma nova vida*. Tradução de Rosemarie Ziegelmaier. São Paulo: Globo, 2010.

MÉSZÁROS, István. *Para Além do Capital*. Tradução de Paulo César Castanheira e Sérgio Lessa. São Paulo: Boitempo, 2009.

MURAKAMI, Haruki. *Do Que Eu Falo Quando Eu Falo de Corrida*. Alfaguara Brasil. 2010.

NUNES, Camila da Cunha. *Território e esporte: o processo de territorialização das corridas de rua no Brasil*. Tese do Programa de Pós-Graduação em Desenvolvimento Regional do Centro de Ciências Humanas e da Comunicação da Universidade Regional de Blumenau. Orientação: Dr. Marcos Antônio Mattedi, Blumenau, SC. 2017.

NUNES, Thiago. *Lukács, a reprodução social e as determinações do lazer.* (Tese de doutorado), Universidade de Brasília, 2023, p. 315.

PEREIRA, Potyara A. P. Discussões conceituais sobre política social como política pública e direito de cidadania. *In:* BOSCHETTI, Ivanete *et al.* (org.). *Política social no capitalismo:*tendências contemporâneas. São Paulo: Cortez, 2008

RIBEIRO, C., LOVISOLO, H., GOMES, A., SANT'ANNA, A. (2013). *Tem um queniano correndo entre nós: atletismo e migração no Brasil. Revista Brasileira de Educação Física e Esporte,* 27(3), 401-410.

SAFATLE, Vladimir. A economia é a continuação da psicologia por outros meios: sofrimento psíquico e o neoliberalismo como economia moral. *In:* SAFATLE, V. JUNIOR, Nelson da Silva. DUNKER, Christian D. *Neoliberalismo como gestão do sofrimento psíquico.* Belo Horizonte: Autêntica, 2020.

SAFATLE, V.; JÚNIOR, N. da S.; DUNKER, C. (org.). *Neoliberalismo como gestão do sofrimento psíquico.* São Paulo: Autêntica, 2020.

SANTOS, Mílton. *Metrópole: a força dos fracos e o seu tempo lento.* Ciência e Ambiente, v. 4, n. 7, p. 7-12, 1993.

SOLNIT, Rebecca. *A história do caminhar.* São Paulo: Martins Fontes, 2019. 512 p.

VAINER, Carlos B. Pátria, empresa e mercadoria: notas sobre a estratégia discursiva do Planejamento Estratégico Urbano. *In:* ARANTES, Otília; VAINER, Carlos; MARICATO, Ermínia (org.). **A cidade do pensamento único: desmanchando consensos.** Petrópolis, RJ: Vozes, 2000. p. 75-103.

VANCINI, R. L., PESQUERO, J. B., FACHINA, R. J. F. G., MINOZZO, F. C., ANDRADE, M. S., BORIN, J. P., MONTAGNER, P. C., LIRA, C. A. B. (2013). *O que explicaria o fantástico fenômeno de rendimento esportivo dos corredores africanos? Brazilian Journal of Biomotricity,* 7(1), 1-13.